中文版

Photoshop
入门教程 案例视频版

未来科技 ◎编著

中国水利水电出版社
www.waterpub.com.cn
·北京·

内 容 提 要

Photoshop是Adobe公司推出的专业图像处理软件，具有界面友好、易学易用、图像处理功能强大等优点，深受广大用户的青睐。本书结合作者长期从事Photoshop图像创作积累的丰富经验和大量教学实例，深入浅出地探讨了Photoshop的使用方法，引导读者轻松学习Photoshop。全书共12章，内容包括Photoshop基础知识和操作、图层应用、选区操作、绘图与修饰、色彩调整、应用滤镜、编辑路径、编辑文字及实例技巧。本书内容翔实、浅显易懂、图文并茂，每章后面都附有上机练习和习题，用于指导读者上机进行实际操作。

本书定位于初、中级用户，适合作为图像编辑、照片处理的自学用书，也可作为高等院校平面设计、广告设计、Web设计、UI设计、图形图像应用开发等专业的教学用书或相关教育机构的培训教材。

图书在版编目（CIP）数据

中文版Photoshop入门教程：案例视频版 / 未来科技编著. -- 北京：中国水利水电出版社，2025.7.
ISBN 978-7-5226-3173-8

Ⅰ.TP391.413

中国国家版本馆CIP数据核字第2025EC5999号

书　　名	中文版Photoshop入门教程（案例视频版） ZHONGWENBAN Photoshop RUMEN JIAOCHENG（ANLI SHIPIN BAN）
作　　者	未来科技　编著
出版发行	中国水利水电出版社 （北京市海淀区玉渊潭南路1号D座　100038） 网址：www.waterpub.com.cn E-mail：zhiboshangshu@163.com 电话：（010）62572966-2205/2266/2201（营销中心）
经　　售	北京科水图书销售有限公司 电话：（010）68545874、63202643 全国各地新华书店和相关出版物销售网点
排　　版	北京智博尚书文化传媒有限公司
印　　刷	河北文福旺印刷有限公司
规　　格	170mm×240mm　16开本　15.75印张　396千字
版　　次	2025年7月第1版　2025年7月第1次印刷
印　　数	0001—3000册
定　　价	69.80元

凡购买我社图书，如有缺页、倒页、脱页的，本社营销中心负责调换

版权所有·侵权必究

前　言

Photoshop简称PS，是由Adobe公司推出的专业图像处理软件。Photoshop主要处理以像素构成的数字图像，使用其提供的众多编修、绘图工具和命令，可以有效地进行图像编辑和创作工作。Photoshop功能强大，广泛用于排版印刷、广告设计、封面制作、网页制作和照片后期处理等领域。2023年9月，Adobe公司全面推出Photoshop在线网页版本，逐步从传统的桌面软件转变为互联网在线应用。

■ 本书内容

全书共12章，具体结构划分及内容概述如下。

第一部分：基础操作部分，包括第1章和第2章。主要介绍Photoshop界面操作、软件使用技巧、文件的基本操作等。

第二部分：专业技能部分，包括第3～11章。主要介绍Photoshop的主要功能，包括图层的操作、选区的应用、通道和蒙版的应用、基本绘图技术、图像修饰技术、图像调色技术、滤镜的使用、路径的操作方法、文字的基本应用。

第三部分：案例部分，包括第12章。本章通过7个综合案例从多个应用领域演示Photoshop的实战技巧。

■ 本书显著特色

📖 体验好

从示例到练习，轻松操作上手。本书提供大量的示例练习，每章有丰富的练习题，帮助读者快速掌握基本知识和操作技能。

📖 资源多

从配套到拓展，资源库一应俱全。本书不仅提供了几乎覆盖全书的配套视频和素材源文件，还提供了拓展的学习资源，学习资源一网打尽！

📖 案例多

案例丰富详尽，边学边做更快捷。跟着大量的案例去学习，边学边做，从做中学，使学习更深入、更高效。

📖 入门易

遵循学习规律，入门与实战相结合。本书编写模式采用"基础知识+中小实例+实战案例"的形式，内容由浅入深、循序渐进，从入门中学习实战应用，从实战应用中激发学习兴趣。

■ 资源获取

为方便读者学习，本书提供158节配套教学视频、665项素材及作品文件。还赠送网页模板库、网页素材库、网页配色库和网页案例欣赏库。

读者使用手机微信扫一扫下方的二维码，关注公众号"设计指北"后输入PS31738发送至公众号后台，即可获取本书相应资源的下载链接。将该链接复制到计算机浏览器的地址栏中根据提示进行下载。

读者也可加入QQ群743093661，在线交流学习心得和疑难问题。

■ 本书约定

本书以Windows 11操作系统为平台进行介绍，不涉及在Mac操作系统上的使用方法。但基本功能和操作，Mac操作系统与Windows 11操作系统相同。为了便于阅读理解，本书作以下约定。

- 本书中出现的中文菜单和命令将用双引号（""）括起来，以示区分。为了语句更简洁易懂，本书中所有的菜单和命令之间以竖线（|）分隔。例如，单击"文件"菜单，再选择"另存为"命令，就用"文件|另存为"表示。
- 用加号（+）连接的两个或三个键，表示组合键，在操作时表示同时按下这些键。例如，Ctrl+V是指在按下Ctrl键的同时，按下字母V键；Ctrl+Alt+F2是指在按下Ctrl和Alt键的同时，按下功能键F2。
- 在没有特殊指定时，单击、双击和拖曳是指用鼠标左键单击、双击和拖曳；右击是指用鼠标右键单击。

■ 本书适用对象

本书适用于以下人群：网页设计、平面设计、UI设计、图像编辑处理爱好者，系统学习照片后期处理的专业人员，相关专业的高等院校学生、毕业生，以及相关专业培训的学员。

■ 关于作者

本书由未来科技团队负责编写并提供在线支持和技术服务，由于编著者水平有限，书中疏漏和不足之处在所难免，欢迎读者朋友不吝赐教。

编著者

目　　录

第1章　学习 Photoshop 前的必修课 ·· 1

1.1　认识 Photoshop 工作界面 ··· 2
　　1.1.1　菜单和命令 ·· 2
　　1.1.2　图像窗口和状态栏 ·· 4
　　1.1.3　工具箱和选项栏 ··· 4
　　1.1.4　面板 ·· 5
　　1.1.5　课堂操练：切换屏幕模式与界面优化 ··························· 6
1.2　文件基本操作 ·· 7
　　1.2.1　认识图像类型和图像格式 ·· 7
　　1.2.2　新建文件 ·· 8
　　1.2.3　保存文件 ·· 9
　　1.2.4　关闭文件 ·· 9
　　1.2.5　打开文件 ·· 10
　　1.2.6　课堂操练：使用辅助工具 ·· 10
1.3　本章小结 ·· 11
1.4　课后习题 ·· 12

第2章　Photoshop 基本操作 ·· 14

2.1　图像大小和分辨率 ··· 15
　　2.1.1　认识像素和分辨率 ·· 15
　　2.1.2　修改图像大小和分辨率 ··· 15
　　2.1.3　修改画布大小 ··· 16
　　2.1.4　裁切图像 ·· 17
　　2.1.5　课堂案例：修正人物姿势并输出为网络图片 ················· 18
2.2　图像基本操作 ·· 19
　　2.2.1　剪切、拷贝和粘贴 ·· 19
　　2.2.2　合并拷贝和贴入 ··· 20
　　2.2.3　移动图像 ·· 21
2.3　图像旋转和变换 ··· 21
　　2.3.1　旋转 ·· 21

	2.3.2 变换	22
	2.3.3 变形	23
	2.3.4 课堂案例：制作卡通杯	25
2.4	还原操作	26
	2.4.1 还原和重做	26
	2.4.2 "历史记录"面板	26
2.5	本章小结	27
2.6	课后习题	27

第3章 图层 29

3.1	认识图层	30
3.2	图层基本操作	30
	3.2.1 认识"图层"面板	30
	3.2.2 新建图层和图层组	32
	3.2.3 选择图层	33
	3.2.4 移动、复制和删除图层	34
	3.2.5 锁定图层	35
	3.2.6 链接和合并图层	36
	3.2.7 对齐和分布图层	37
	3.2.8 课堂案例：绘制五连环	39
3.3	图层类型	40
	3.3.1 普通图层和背景图层	41
	3.3.2 调整图层	41
	3.3.3 填充图层	44
	3.3.4 智能对象图层	47
	3.3.5 课堂案例：修正照片曝光过度问题	48
3.4	图层样式和图层混合模式	49
	3.4.1 添加图层样式	49
	3.4.2 图层样式类型	50
	3.4.3 编辑图层样式	52
	3.4.4 混合模式	53
	3.4.5 课堂案例：使用混合模式为照片校色	56
3.5	本章小结	58
3.6	课后习题	59

第4章 选区 ·· 61

4.1 创建选区 ·· 62
4.2 选框工具组 ······································ 62
  4.2.1 熟悉选框工具 ······························ 62
  4.2.2 课堂案例：使用"椭圆选框工具"进行抠图 ······ 64
4.3 套索工具组 ······································ 66
  4.3.1 套索工具 ···································· 66
  4.3.2 多边形套索工具 ···························· 67
  4.3.3 磁性套索工具 ······························ 68
  4.3.4 课堂案例：使用"磁性套索工具"消除黑眼圈 ···· 69
4.4 自动选择工具组 ································ 70
  4.4.1 对象选择工具 ······························ 70
  4.4.2 快速选择工具 ······························ 71
  4.4.3 魔棒工具 ···································· 72
  4.4.4 课堂案例：使用"魔棒工具"给标语加色 ······ 73
4.5 选区基本操作 ···································· 73
  4.5.1 移动选区 ···································· 74
  4.5.2 修改选区 ···································· 74
  4.5.3 变换选区 ···································· 75
  4.5.4 控制选区的其他命令 ······················ 76
  4.5.5 填充和描边 ································ 76
  4.5.6 课堂案例：制作网店大图广告 ············ 77
4.6 选区与蒙版 ······································ 78
  4.6.1 存储与载入选区 ···························· 79
  4.6.2 蒙版与通道 ································ 79
  4.6.3 课堂案例：绘制太极图 ···················· 80
4.7 其他选取命令 ···································· 81
4.8 本章小结 ·· 83
4.9 课后习题 ·· 83

第5章 通道与蒙版 ································ 85

5.1 认识通道 ·· 86
5.2 操作通道 ·· 86
  5.2.1 认识"通道"面板 ·························· 86
  5.2.2 颜色通道 ···································· 87

		5.2.3	Alpha 通道	88
		5.2.4	专色通道	89
	5.3	应用通道		90
		5.3.1	课堂案例：使用通道抠图穿纱裙的人物	90
		5.3.2	课堂案例：使用通道为照片调色	92
	5.4	蒙版		93
		5.4.1	认识蒙版	94
		5.4.2	快速蒙版	94
		5.4.3	图层蒙版	95
		5.4.4	剪贴蒙版	96
		5.4.5	矢量蒙版	97
		5.4.6	课堂案例：设计节日户外海报	98
	5.5	本章小结		101
	5.6	课后习题		101

第 6 章　绘图　103

	6.1	认识颜色		104
	6.2	设置和填充颜色		106
		6.2.1	设置前景色和背景色	106
		6.2.2	使用"颜色"面板	107
		6.2.3	使用"吸管工具"选取颜色	107
		6.2.4	填充单色	108
		6.2.5	填充渐变色	109
		6.2.6	课堂案例：设计怀旧照片	112
	6.3	设置画笔		113
		6.3.1	认识画笔笔尖	113
		6.3.2	画笔设置	113
		6.3.3	课堂案例：自定义画笔	115
	6.4	使用画笔工具		116
		6.4.1	画笔工具	116
		6.4.2	铅笔工具	117
		6.4.3	图章工具	118
		6.4.4	橡皮擦工具	119
		6.4.5	课堂案例：修睫毛	119
	6.5	本章小结		120
	6.6	课后习题		121

第 7 章　图像修饰 ··· 123

7.1 修改工具组 ··· 124
- 7.1.1 修复画笔工具 ···································· 124
- 7.1.2 污点修复画笔工具 ······························ 125
- 7.1.3 修补工具 ··· 126
- 7.1.4 内容感知移动工具 ······························ 127
- 7.1.5 移除工具 ··· 128
- 7.1.6 红眼工具 ··· 129
- 7.1.7 课堂案例：清除照片中的局部人物 ······· 129

7.2 润饰工具 ·· 131
- 7.2.1 模糊工具、锐化工具和涂抹工具 ·········· 131
- 7.2.2 加深工具、减淡工具和海绵工具 ·········· 133
- 7.2.3 颜色替换工具 ··································· 134
- 7.2.4 课堂案例：人物面部美容 ···················· 135

7.3 本章小结 ·· 137
7.4 课后习题 ·· 137

第 8 章　图像调色 ··· 139

8.1 调整色调 ·· 140
- 8.1.1 认识色调 ··· 140
- 8.1.2 使用直方图 ······································ 140
- 8.1.3 亮度 / 对比度 ··································· 141
- 8.1.4 色调均化 ··· 142
- 8.1.5 阴影 / 高光 ······································ 143
- 8.1.6 色阶 ·· 143
- 8.1.7 曲线 ·· 145
- 8.1.8 课堂案例：使用曲线校正照片偏色问题 ···· 148

8.2 调整色彩 ·· 150
- 8.2.1 色彩平衡 ··· 150
- 8.2.2 色相 / 饱和度 ··································· 151
- 8.2.3 替换颜色 ··· 152
- 8.2.4 匹配颜色 ··· 153
- 8.2.5 可选颜色 ··· 153
- 8.2.6 颜色查找 ··· 154
- 8.2.7 通道混合器 ······································ 154

vii

　　　　　8.2.8　照片滤镜 ·· 155
　　　　　8.2.9　课堂案例：使用"匹配颜色"命令校正特殊色偏 ············· 156
　　8.3　特殊颜色控制命令 ·· 157
　　　　　8.3.1　反相 ·· 157
　　　　　8.3.2　阈值 ·· 158
　　　　　8.3.3　色调分离 ·· 158
　　　　　8.3.4　去色 ·· 159
　　　　　8.3.5　渐变映射 ·· 159
　　　　　8.3.6　课堂案例：使用"阈值"命令查找照片中的黑场、白场和灰场 ········· 160
　　8.4　本章小结 ·· 163
　　8.5　课后习题 ·· 163

第 9 章　滤镜 ·· 165

　　9.1　智能滤镜 ·· 166
　　　　　9.1.1　使用智能滤镜 ·· 166
　　　　　9.1.2　课堂案例：设计七彩文字 ·· 168
　　9.2　滤镜库 ·· 168
　　　　　9.2.1　使用滤镜库 ·· 168
　　　　　9.2.2　认识内部滤镜 ·· 169
　　　　　9.2.3　课堂案例：制作户外墙面涂鸦 ·· 171
　　9.3　神经网络滤镜 ·· 173
　　　　　9.3.1　使用神经网络滤镜 ·· 173
　　　　　9.3.2　课堂案例：色彩转移 ·· 173
　　9.4　消失点滤镜 ·· 174
　　　　　9.4.1　使用消失点滤镜 ·· 175
　　　　　9.4.2　课堂案例：清除木地板上的物体 ······································ 176
　　9.5　Camera Raw 滤镜 ··· 178
　　　　　9.5.1　使用 Camera Raw 滤镜 ·· 178
　　　　　9.5.2　课堂案例：照片调色 ·· 180
　　9.6　本章小结 ·· 181
　　9.7　课后习题 ·· 181

第 10 章　路径 ··· 183

　　10.1　建立路径 ·· 184
　　　　　10.1.1　认识路径 ·· 184

10.1.2　认识"路径"面板 ·· 185
　　　10.1.3　钢笔工具 ··· 185
　　　10.1.4　自由钢笔工具 ··· 187
　　　10.1.5　课堂案例：制作公司 Logo ··································· 188
　10.2　绘制形状 ··· 190
　　　10.2.1　矩形工具 ··· 190
　　　10.2.2　椭圆工具 ··· 191
　　　10.2.3　三角形工具和多边形工具 ··································· 191
　　　10.2.4　直线工具 ··· 192
　　　10.2.5　自定形状工具 ··· 193
　　　10.2.6　课堂案例：制作百度 Logo ··································· 193
　10.3　编辑路径 ··· 194
　　　10.3.1　选择路径和锚点 ··· 194
　　　10.3.2　操作锚点 ··· 195
　　　10.3.3　操作路径 ··· 197
　　　10.3.4　转换路径与选区 ··· 198
　　　10.3.5　填充和描边路径 ··· 199
　　　10.3.6　课堂案例：制作心形图贴 ··································· 199
　10.4　本章小结 ··· 200
　10.5　课后习题 ··· 200

第 11 章　文字 ·· 202

　11.1　输入文本 ··· 203
　　　11.1.1　点文本 ·· 203
　　　11.1.2　段落文本 ·· 204
　　　11.1.3　设置字符格式 ·· 205
　　　11.1.4　设置段落格式 ·· 207
　　　11.1.5　课堂案例：制作网店促销广告 ····························· 208
　11.2　编辑文本 ··· 210
　　　11.2.1　文本旋转和变形 ·· 210
　　　11.2.2　文本排列方式 ·· 210
　　　11.2.3　文本转换为选区、路径、形状和图像 ················· 211
　　　11.2.4　管理字体和粘贴无格式文本 ································· 211
　　　11.2.5　课堂案例：制作个人名片 ···································· 212
　11.3　路径文本 ··· 213
　　　11.3.1　创建路径文本 ·· 213

11.3.2 课堂案例：制作图文混排版面 214
11.4 本章小结 215
11.5 课后习题 216

第 12 章 综合案例 218

12.1 快消食品营销海报 219
12.1.1 制作背景图 219
12.1.2 制作宣传标题 220

12.2 全民健身运动宣传海报 221
12.2.1 制作背景图 222
12.2.2 添加运动图标 224
12.2.3 制作标题文字 225

12.3 设计移动版产品首页 227

12.4 设计产品详情页 229

12.5 设计产品列表页 232

12.6 设计沐浴产品 Banner 233
12.6.1 制作背景图 234
12.6.2 制作托板和物品 235
12.6.3 制作文字效果 236

12.7 制作证件照 237
12.7.1 制作模板 238
12.7.2 抠图和修图 238
12.7.3 合并和调整照片 239

学习 Photoshop 前的必修课　　第 1 章

📢 学习目标

- 认识 Photoshop 工作界面。
- 正确新建、打开和保存图像文件。
- 熟悉 Photoshop 界面操作的基本方法和技巧。

本章主要介绍 Photoshop 的基础知识，包括工作界面、工具箱、选项栏、面板和菜单命令，初步掌握使用 Photoshop 操作图像文件的基本方法，如新建、打开和保存图像文件等。通过本章的学习，读者可以初步了解 Photoshop 的工作流程。

1.1 认识Photoshop工作界面

启动 Photoshop 2024 之后，将会出现图 1.1 所示的画面。从图 1.1 中可以看出，Photoshop 工作界面由选项栏、工具箱、图像窗口、状态栏、菜单栏、面板等几部分组成。

图1.1 Photoshop工作界面

> ▶ 技巧
>
> 初次运行 Photoshop 时，主界面为黑色主题，很多读者可能不适应，这时可以连续按 Alt+Shift+F2 组合键，把界面主题颜色逐步调浅。连续按 Alt+Shift+F1 组合键，还可以把界面主题颜色逐步调深。

扫一扫，看视频

1.1.1 菜单和命令

Photoshop 提供了三种类型的菜单：主菜单、快捷菜单和面板菜单。

- **主菜单**：在主界面顶部的菜单栏中包含 11 个菜单。常说的"菜单"多指主菜单，其中包含了 Photoshop 的大部分操作命令。

【操作练习】在菜单栏中单击菜单名称，或者按 Alt+ 菜单名称后小括号内的字母，可以打开菜单。例如，单击"图像"菜单名称，或者按 Alt+I 组合键，可以打开"图像"菜单。

- **快捷菜单**：右击界面特定区域后打开的菜单。使用快捷菜单可以更快地执行与该区域相关的特定命令。

【操作练习】尝试在 Photoshop 主界面的不同区域右击，看看会弹出什么菜单。当选择不同的工具或者右击不同的区域（对象）时，显示的快捷菜单会不同，如图 1.2 所示。

(a) 用选区工具右击图像　　　　　　(b) 用裁切工具右击图像

图1.2　快捷菜单

- 面板菜单：每个面板（除了 3D 面板）都会自带功能菜单，用于设置当前面板的参数，或者执行与当前面板相关的命令。

【操作练习】尝试在"窗口"菜单中打开不同的面板，然后单击面板右上角的按钮（▤），看看会显示什么菜单，如图 1.3 所示。

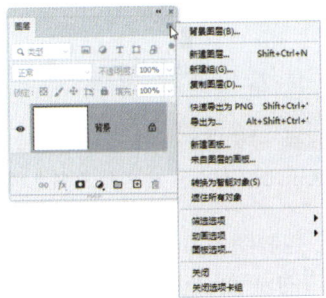 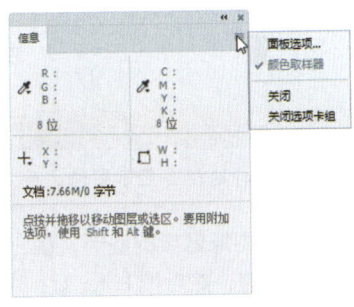

(a) "图层"面板的菜单　　　　　　(b) "信息"面板的菜单

图1.3　面板菜单

▶ 提示

在菜单列表中需要了解 4 个细节问题：命令显示为灰色表示不可用；命令后面跟省略号表示该命令将打开对话框；常用命令会包含快捷键；右侧箭头表示包含子菜单，如图 1.4 所示。

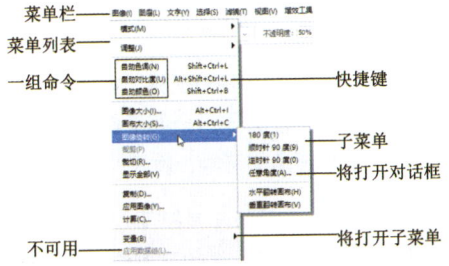

图1.4　主菜单说明

3

1.1.2 图像窗口和状态栏

扫一扫，看视频

图像窗口是显示和编辑图像的区域。在图像窗口中可以绘图、创建选区、编辑图像等，也可以对图像窗口进行多种操作，如改变窗口大小和位置、对窗口进行缩放等。图像窗口默认以选项卡的形式显示，类似于浏览器窗口。

▶【操作练习】拖曳图像窗口的标题栏，可以让图像窗口显示为浮动形式，且可以移动位置和改变大小。拖曳浮动图像窗口到灰色区域顶部，该窗口会自动吸附，并恢复为选项卡的形式，如图 1.5 所示。

(a) 选项卡显示

(b) 浮动显示

图 1.5 图像窗口

▶ 提示

图像窗口的标题栏会显示图像文件名、文件格式、显示比例大小、层名称及颜色模式。

状态栏位于图像窗口的底部，最左边的文本框可以控制图像窗口的显示比例。在文本框中输入一个数值，然后按 Enter 键，可以改变图像窗口的显示比例。文本框右侧是图像文件信息区域。单击右侧的箭头符号（ ），在弹出的下拉菜单中可以选择显示不同的文件信息。

▶ 技巧

在图像文件信息区域上按下鼠标左键不放，可以查看图像的宽度、高度、通道数目、颜色模式以及分辨率的信息。当打开多个文档时，按 Ctrl+Tab 组合键，可以按顺序切换窗口；按 Ctrl+Shift+Tab 组合键，可以按相反的顺序切换窗口。

1.1.3 工具箱和选项栏

扫一扫，看视频

Photoshop 的工具箱包含 60 多种工具，如图 1.6 所示。单击相应的工具图标可以选择该工具。工具箱中没有显示全部工具，有些工具被隐藏起来了。只要工具图标右下角显示一个小三角的符号，就表明在该工具中还有与之相关的工具。

▶【操作方法】单击工具图标后按住不放，稍候片刻即可打开隐藏的工具菜单；松开鼠标可以选择更多的工具，再次单击将隐藏工具菜单。选择不同的工具，在图像窗口中将显示不同形状的鼠标指针，并且其形状通常与工具图标一样。

4

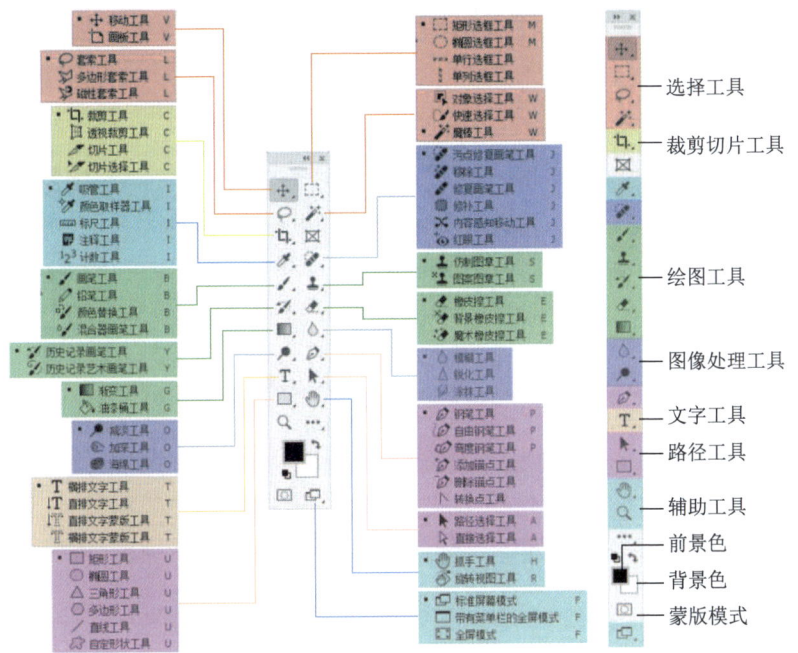

图1.6 工具箱中的工具

> ▶ 提示
>
> 若想知道工具的名称和用法,可将鼠标指针移到工具图标上稍等片刻,即可显示关于该工具的名称和用法提示。

在工具箱中选择工具之后,需要在工具选项栏中设置该工具的相关选项。选项栏默认位于工作界面的顶部,在菜单栏的下面。例如,在选择移动工具(✥)之后,工具选项栏如图1.7所示。拖曳选项栏左侧的深色区域,可以让其浮动显示,自由移动其位置。

图1.7 工具选项栏

1.1.4 面板

面板可以完成各种图像处理或参数设置,如选择颜色、编辑图层、显示信息等。面板的优点在于,需要时可以打开,不需要时可以隐藏,避免占用操作空间。在"窗口"菜单中勾选或取消勾选某项命令,可以显示或隐藏相应的面板。

扫一扫,看视频

面板可以分组,一组面板以选项卡的形式显示,这样可以在不同面板之间快速切换。

【操作方法】拖曳面板标题可以将面板加入面板组(根据蓝色提示线),也可以脱离面板组。单击面板组右上角的双箭头图标(»),可以展开或折叠面板组,折叠面板组时,面板会以"图标+文字"的形式显示。双击面板或面板组标题栏中的灰色区域,可以折叠或展开面板。拖曳面板组标题栏中的灰色区域,可以让面板组脱离吸附,以浮动的方式显示,此时可以移动

5

面板组到工作界面的任意位置。如果拖曳面板或面板组到吸附区域，可以恢复其固定显示，如图1.8所示。

（a）面板

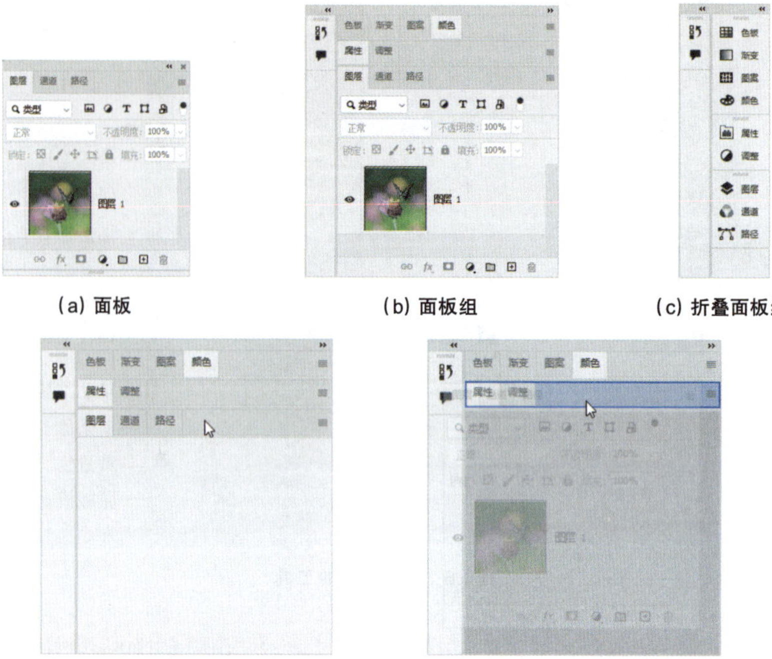

（b）面板组

（c）折叠面板组

（d）展开面板组　　　　　　　　（e）拖曳合并面板组

图1.8　面板与面板组

▶ 技巧

选择"窗口|工作区|重置基本功能"命令，可以恢复工作界面的默认状态。

1.1.5　课堂操练：切换屏幕模式与界面优化

扫一扫，看视频

■操作目标：提升工作界面的操作空间，优化 Photoshop 工作环境。

1. 屏幕显示

为了适应操作需要，Photoshop 提供了三种不同的屏幕显示模式：标准屏幕模式、带有菜单栏的全屏模式和全屏模式。在工具箱底部单击显示模式按钮（🖵），稍等片刻会显示一个选项菜单。

- 标准屏幕模式：显示所有组件，如菜单栏、选项栏、工具箱、面板、标题栏和状态栏等。
- 带有菜单栏的全屏模式：全屏显示，仅包含菜单栏、选项栏、工具箱和面板，这样可使图像最大化充满整个屏幕，以便提供较大的操作空间。
- 全屏模式：仅全屏显示图像，隐藏除了图像外的所有组件。在这种模式下可以非常全面地查看图像效果。

6

> **技巧**
>
> 连续按 F 键，可以在以上三种屏幕显示模式之间快速切换；按 Tab 键，可以隐藏选项栏、工具箱和面板，仅显示菜单栏和图像窗口；按 Shift+Tab 组合键，可以显示或隐藏所有面板。

2. 界面设置

Photoshop 提供了人性化的界面定制功能，可以满足每个用户的习惯。

> **【操作练习】**
>
> 练习 1：设置系统参数。选择"编辑 | 首选项"命令，在打开的子菜单中选择某项分类，然后在打开的"首选项"对话框中根据需要设置相关参数，优化工作环境。
>
> 练习 2：自定义菜单。选择"编辑 | 菜单"命令，打开"键盘快捷键和菜单"对话框，在"菜单"选项卡中可以自定义菜单，以适应个人使用习惯。例如，将常用的菜单命令设置为不同颜色高亮显示，也可以隐藏不常用的命令，从而使界面显得整洁有序，以便快速找到需要的工具。
>
> 练习 3：自定义工作空间。根据使用习惯，调整好工具箱、选项栏、面板、图像窗口等组件的显示方式和位置，然后选择"窗口 | 工作区 | 新建工作区"命令保存界面布局。如果界面布局被打乱，可以在"窗口 | 工作区"子菜单的最下方找到已存储的界面布局，选择后快速恢复为最初使用的界面状态。
>
> 练习 4：自定义工具箱。选择"编辑 | 工具栏"命令，打开"自定义工具栏"对话框，在这里可以设置工具箱中要显示的工具或按钮。
>
> 练习 5：发现 Photoshop 新功能和技巧。选择"帮助 | Photoshop 帮助"命令，打开"发现"面板，在这里可以发现很多 Photoshop 的新功能和使用技巧。

1.2 文件基本操作

使用 Photoshop 的第一步是新建或打开图像文件。

1.2.1 认识图像类型和图像格式

1. 图像类型

图像类型主要包括两种：矢量图和位图。Photoshop 处理的图像主要是位图。

（1）矢量图。矢量图以数学描述的方式记录图像内容，以线条和色块为主。例如，一条线段的数据只需要记录两个端点的坐标、线段的粗细和色彩等。优点：矢量图文件较小，可以对其进行无损缩放、旋转等操作。缺点：不易制作颜色和色调变化丰富的图像，不能精确地描述自然景观。

美工插图、工程绘图多使用矢量图。矢量图软件包括 Illustrator、CorelDRAW 和 AutoCAD 等。

（2）位图。位图由像素点组成，每个点代表一个单色。优点：位图能够制作颜色和色调变化丰富的图像，可以逼真地表现自然景观，并且很容易在不同软件之间进行交换。缺点：

进行图像缩放和旋转操作时会产生失真现象，同时文件较大，无法制作 3D 图像。桌面印刷、照片传输多使用位图。Photoshop 属于位图处理软件。

2. 图像格式

图像格式是指计算机存储图像文件的方法，不同的图像格式适用于不同的需求和场景。常用的图像格式如下。

- BMP：支持 24 位颜色，适用于高保真度和保留原始图像质量的情况，但文件相对较大。
- JPEG：是一种有损压缩格式，适用于保存高质量的真彩色图像，压缩比大，文件较小，适合网络传输和快速浏览。
- PNG：是一种无损压缩格式，支持透明度，适用于保存高质量的真彩色图像，通常比同质量的 JPEG 格式文件更小，适合网络传输和快速浏览。
- GIF：是一种动画图像格式，支持透明度，适用于简单的图形和动画，只支持 256 种颜色。
- TIFF：是一种无损压缩格式，支持多种图像元数据，适用于保存高质量的真彩色图像，常用于专业摄影师和设计师之间的文件交换。

1.2.2 新建文件

扫一扫，看视频

选择"文件 | 新建"命令，或者按 **Ctrl+N** 组合键，打开"新建文档"对话框，如图 1.9 所示。该对话框中的主要设置说明如下。

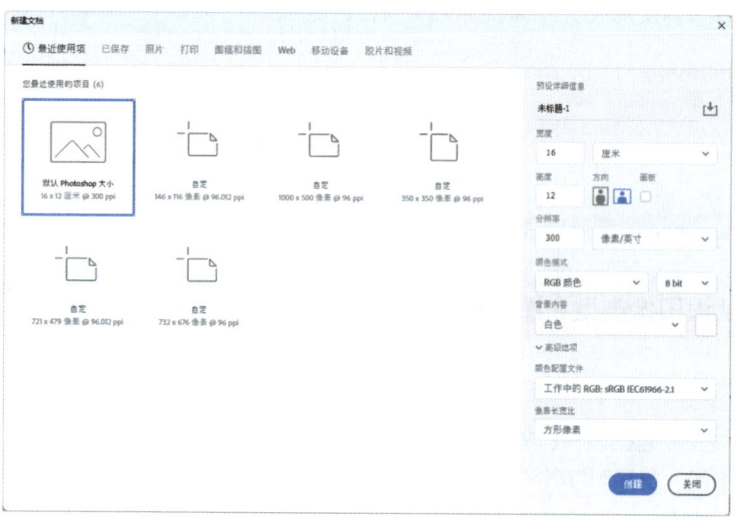

图 1.9 "新建文档"对话框

- 预设：对话框左侧以选项卡形式显示不同行业和应用的文档模板。
- 宽度和高度：设置图像的宽度和高度。输入数值之后，需要选择文件尺寸的单位，常用单位包括像素、英寸、厘米。
- 分辨率：设置图像的分辨率。在设置分辨率时，也需要选择分辨率的单位，包括像素 / 英寸、像素 / 厘米。常用单位为"像素 / 英寸"。

- 颜色模式：设置图像色彩模式。其右侧可以选择色彩模式的位数，其中1位模式主要用于位图模式的图像，而8位模式和16位模式可以用于除了位图模式外的任何一种色彩模式。
- 背景内容：设置新图像的背景图层颜色，常用背景内容包括白色、黑色、透明。

设置各项参数之后，单击"创建"按钮或按Enter键，即可新建一个文件。

1.2.3 保存文件

如果图像未保存，可以选择"文件 | 存储"命令，或按Ctrl+S组合键；如果需要存储为其他图像格式，可以选择"文件 | 存储为"命令，或按Ctrl+Shift+S组合键。然后打开"存储为"对话框，指定存储的位置、文件名和文件格式，最后单击"保存"按钮。

扫一扫，看视频

> ▶ 提示
>
> 使用上面的命令存储的文件格式有限，包括PSD、PSB、PDF、PNG、TIFF、WebP。如果要另存为更多的图像格式，可以选择"文件 | 存储副本"命令，或者在"文件 | 导出"子菜单中选择更多专用图像格式。在"导出"子菜单中，还可以选择导出路径、图层等信息。

> ▶ 补充
>
> Photoshop支持多种文件格式，在1.2.1小节中已介绍过常用的图像格式，下面再补充几种专业的图像格式。
> - PSD：Photoshop图像编辑格式，图像文件中包含图层、通道、路径、参考线、注释和颜色模式等信息。因此图像文件较大，一般用于图像后期处理。
> - PCX：与BMP格式一样支持1~24位的图像，支持RGB、索引颜色、灰度和位图颜色模式，但不支持Alpha通道。
> - EPS：一种专用于绘图和排版的图像格式，支持Photoshop中的所有颜色模式，但不支持Alpha通道。其优点在于，可以在排版软件中以低分辨率预览，而在打印或出片时以高分辨率输出。
> - PDF：一种电子出版格式。支持RGB、索引颜色、CMYK、灰度、位图和Lab颜色模式，也支持通道、图层等信息。PDF格式还支持JPEG和ZIP的压缩格式。

1.2.4 关闭文件

扫一扫，看视频

关闭文件的方法有多种。
- 双击图像窗口标题栏左侧的图标。
- 单击图像窗口标题栏右侧的关闭按钮。
- 选择"文件 | 关闭"命令。
- 按Ctrl+W或Ctrl+F4组合键。

> ▶ 提示
>
> 如果想将打开的多个图像窗口全部关闭，可以选择"文件 | 关闭全部"命令或按Alt+Ctrl+W组合键。

9

1.2.5 打开文件

扫一扫，看视频

Photoshop 支持 20 多种格式的图像，因此使用 Photoshop 可以打开不同格式的图像进行编辑并保存，或者根据需要另存为其他格式的图像。注意，有些格式的图像只能在 Photoshop 中打开，如 PSD 格式。

- 选择"文件 | 打开"命令或按 Ctrl+O 组合键，打开"打开"对话框，可以打开指定的文件。
- 选择"文件 | 打开为"命令或按 Alt+Shift+Ctrl+O 组合键，可以打开指定格式的文件。
- 选择"文件 | 最近打开文件"命令，可以在子菜单中打开以前编辑过的文件。

▶ 技巧

如果要一次打开多个图像，可以在"打开"对话框的文件列表中选中多个文件。单击第 1 个文件，按住 Shift 键不放，同时单击末尾的最后一个文件，可以选中多个连续的文件。按住 Ctrl 键不放，然后单击要选取的文件，可以选中多个不连续的文件。

1.2.6 课堂操练：使用辅助工具

扫一扫，看视频

■ 操作目标：熟悉 Photoshop 提供的众多辅助工具，提高工作效率。

1. 标尺、网格和参考线

在绘图、精确定位对象时，标尺、网格和参考线的作用非常大。

- 标尺：选择"视图 | 标尺"命令，或按 Ctrl+R 组合键将显示标尺。当鼠标指针在窗口中移动时，在水平标尺和垂直标尺上会出现一条黑线，显示鼠标指针当前所在位置的坐标。默认状态下，标尺的原点在窗口左上角，将鼠标指针指向标尺左上角的方格内按住鼠标左键拖动，可以改变坐标原点的位置。右击标尺，在弹出的快捷菜单中可以选择标尺的单位。
- 网格：选择"视图 | 显示 | 网格"命令，或按 Ctrl+' 组合键将显示网格。选择"编辑 | 首选项 | 参考线、网格和切片"命令可以设置网格样式。
- 参考线：参考线与网格一样，也用于对齐对象，但比网格更灵活。在使用参考线之前，需要先显示标尺，然后在标尺上按住鼠标左键拖到窗口中，放开鼠标即可出现参考线，如图 1.10 所示。也可以选择"视图 | 参考线 | 新建参考线"命令，精确设置参考线的位置。

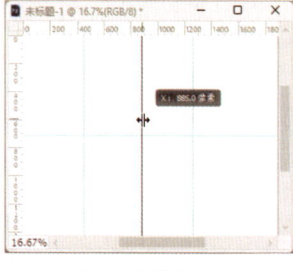
(a) 绘制参考线

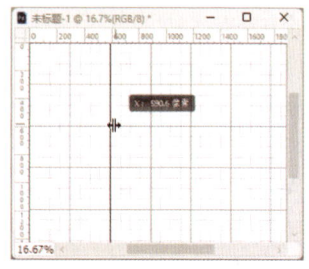
(b) 显示网格

图 1.10　参考线和网格

> **提示**
>
> 按住 Ctrl 键可以拖动参考线；或者先选择移动工具，将指针移动到参考线上，再按住鼠标拖动也可以移动参考线。

2. 缩放工具和抓手工具

在工具箱中选择缩放工具（🔍），然后在图像窗口中单击，可以放大图像的显示比例。按下 Alt 键单击图像窗口，可以缩小图像的显示比例。按住鼠标左键拖动，可以快速放大或缩小图像。

> **技巧**
>
> 按 Ctrl+"+"组合键可以快速放大窗口显示比例，按 Ctrl+"-"组合键可以快速缩小窗口显示比例。选择"窗口|导航器"命令，打开"导航器"面板，可以直观地看到图像缩放的位置。

放大图像之后，如果图像超出窗口显示，会显示滚动条。此时移动图像位置最快捷的方法是使用抓手工具。在工具箱中选择"抓手工具"（✋），在图像窗口中拖动即可移动图像。

> **提示**
>
> 在"视图"菜单中包含一组命令，可以调整图像的视图显示比例，如 100%、200%、实际大小、打印尺寸等。

> **技巧**
>
> 在任何时候，若按下空格键，则鼠标指针在图像窗口中显示为抓手工具形状，此时可以拖曳图像移动显示。

3. 测量工具

在工具箱中选择"吸管工具"（💧），稍等片刻后，在弹出的菜单中可以看到多个实用的小工具。

- 吸管工具：可以快速在图像窗口中获取一种颜色，用于设置前景色。
- 颜色取样器工具：可以在图像窗口中标记颜色取样点，然后在信息面板中查看这些点的颜色信息。
- 标尺工具：可以快速计算两点的距离。
- 注释工具：可以在图像窗口中为某个点添加注释，然后在注释面板中编辑和查看信息。
- 计数工具：可以在图像窗口中添加多个计数点。

1.3　本章小结

本章介绍了 Photoshop 工作界面，包括菜单、图像窗口、状态栏、工具箱、选项栏和面板，初步了解了 Photoshop 新建文件、打开文件、保存文件和关闭文件的基本方法。对于初学者来说，本章内容是学习 Photoshop 的必备知识。只有掌握了这些知识，才能踏入 Photoshop 的大门，进行后面章节内容的学习。

1.4 课后习题

1. 填空题

（1）Photoshop 提供三种类型的菜单：_____、_____ 和 _____。
（2）按 _____ 键可以退出 Photoshop。
（3）按 _____ 键可以隐藏所有面板。
（4）状态栏位于 _____ 窗口的底部，主要用于显示图像处理的各种信息。
（5）按 _____ 键可以打开"新建文档"对话框。
（6）按 _____ 键可以一次性关闭多个图像窗口。

2. 选择题

（1）下面 _____ 不属于 Photoshop 的基本功能。
　　A. 图像修复　　　　　　　　　　B. 绘画功能
　　C. 色调调整　　　　　　　　　　D. 文字排版
（2）按 _____ 键可以隐藏工具箱和面板，按 _____ 键可以隐藏面板但不隐藏工具箱。
　　A. Tab、Ctrl+Tab　　　　　　　　B. Tab、Shift+Tab
　　C. Ctrl+Tab、Tab　　　　　　　　D. 以上都不对
（3）下面的组合键中，_____ 不是用于保存图像的。
　　A. Ctrl+S　　　　　　　　　　　B. Ctrl+Shift+S
　　C. Shift+S　　　　　　　　　　　D. Alt+Ctrl+S
（4）下面是关闭图像的操作，_____ 操作是错误的。
　　A. Ctrl+W　　　　　　　　　　　B. Ctrl+F4
　　C. 选择"文件 | 关闭"命令　　　　D. 单击窗口标题栏左侧的图标
（5）_____ 模式下不显示标题栏，而显示菜单栏。
　　A. 标准屏幕模式　　　　　　　　B. 带有菜单栏的全屏模式
　　C. 全屏模式　　　　　　　　　　D. 以上都不对
（6）下面 _____ 格式的图像不包含不透明度信息。
　　A. GIF　　　　　　　　　　　　　B. PNG
　　C. JPEG　　　　　　　　　　　　D. PSD

3. 判断题

（1）在图像窗口中任意位置右击，所打开的快捷菜单都是一样的。　　　　　　（　　）
（2）PSD 格式可以保留图层、通道等信息，而使用其他格式无法保留图层等信息。（　　）
（3）新建图像后 Photoshop 会自动保存。　　　　　　　　　　　　　　　　（　　）
（4）标尺、参考线和网格都可以实现对象的对齐。　　　　　　　　　　　　（　　）
（5）按 Ctrl+"+"组合键可以快速放大窗口显示比例。　　　　　　　　　　（　　）

4. 简答题

（1）图像类型和图像格式有什么关系？常用的图像类型和图像格式有哪些？
（2）简单介绍 Photoshop 包含哪些辅助工具。

5. 上机练习

（1）在 Photoshop 中试按下面列出的组合键，熟悉这些组合键的作用。

F5~F9、Tab、Shift+Tab、Ctrl+Tab、Ctrl+Shift+Tab、Ctrl+F6、Ctrl+Shift+F6、Ctrl+M、Ctrl+L、Ctrl+T、Ctrl+U、Alt+Ctrl+D、Ctrl+I、Ctrl+K、Ctrl+H、Ctrl+R。

（2）打开"图层""信息"和"颜色"面板，把它们合并为一组，然后吸附到右侧边栏上，并保存当前的工作区状态。

（3）建立一个大小为 800 像素 ×600 像素、分辨率为 72dpi、背景色为透明的 RGB 图像，然后保存到"我的文档"中，文件名称为 test.png。

（4）先按 Ctrl+O 组合键，打开 4 个图像窗口，然后按 Ctrl+Tab 和 Ctrl+Shift+Tab 组合键切换窗口。最后按 Ctrl+W 或 Ctrl+F4 组合键关闭打开的窗口。

Photoshop基本操作

第 2 章

📢 学习目标

- 了解图像大小和分辨率，并且能够修改图像大小和分辨率。
- 灵活掌握基本编辑命令和工具的使用。
- 熟练调整图像，如旋转、变换、变形等。
- 能够正确还原历史操作。

本章从图像大小和分辨率开始入手，详细介绍Photoshop操作图像的基本方法和技巧，包括剪切、粘贴、旋转、变换、变形、还原等。希望读者能够熟练掌握Photoshop的基本操作技能，为进一步学习奠定基础。

2.1 图像大小和分辨率

图像大小和分辨率是影响图像质量和文件大小的两个关键因素。本节重点讲解如何修改图像大小和分辨率。

2.1.1 认识像素和分辨率

1. 像素

像素是位图图像的基本单位，以一个单一颜色的小方格存在。例如，使用 Photoshop 将图像放大 6400% 之后可以看到一个个小方格效果，如图 2.1 所示。存储图像时，每个像素点实际上是一组数字，包括通道、灰度、不透明度等信息。像素的多少直接决定了图像的分辨率和清晰度。每幅图像都包含了一定量的像素，这些像素决定图像在屏幕上所呈现的大小和效果。

(a) 原图效果

(b) 放大 6400% 之后的效果

图 2.1 图像与像素点

2. 分辨率

分辨率是每英寸图像含有多少个点或像素，分辨率的单位为"点/英寸"，英文缩写为 dpi。例如，300dpi 表示该图像每英寸含有 300 个点或像素。在 Photoshop 中也可以用 cm（厘米）为单位计算分辨率。当然，不同的单位所计算出来的分辨率是不同的，用 cm 为单位进行计算比用英寸为单位计算出的 dpi 数值要小得多。

分辨率的大小直接影响图像的品质。分辨率越高，图像越清晰，所产生的文件也就越大。不同的应用场景，对分辨率的要求也不同。例如，用于打印输出的图像，其分辨率要高一些（最好大于或等于 300dpi）；如果只在屏幕上显示，可以低一些；而在网页中显示，可以设置为更低的分辨率。

2.1.2 修改图像大小和分辨率

图像尺寸大小、图像分辨率和图像文件大小三者之间有着密切的关系。对于分辨率相同的图像，如果其大小不同，则其文件大小也不同。对于相同大小的图像，分辨率越高，图像越清晰；对于相同分辨率的图像，尺寸越大，图像越丰富。

【操作方法】打开素材文件，选择"图像|图像大小"命令，打开"图像大小"对话框。在该对话框中可以修改图像的宽度、高度和分辨率，如图2.2所示。

图2.2 "图像大小"对话框

- 如果要修改分辨率而不修改文档大小，可以勾选"重新采样"复选框，然后在"分辨率"文本框中输入数值，最后单击"确定"按钮。增大图像分辨率，会增大图像尺寸和文件大小，但不会提升图像质量，如图2.3所示。
- 如果不修改分辨率而修改文档大小，可以在"宽度"和"高度"文本框中输入数值，然后选择单位，最后单击"确定"按钮。减小图像尺寸，会降低图像尺寸和文件大小，也会降低图像质量，如图2.4所示。

图2.3 增大图像分辨率

图2.4 减小图像尺寸

- 如果固定像素数目，同时修改文档大小和分辨率，可以取消勾选"重新采样"复选框，此时宽度、高度与分辨率相关联，改变任一项参数，均会改变其他两项参数。

▶ 提示

在"图像大小"对话框中，若按住Alt键，则"取消"按钮会变成"复位"按钮。单击该按钮，可以使对话框中各选项的内容恢复为打开该对话框之前的设置。

扫一扫，看视频

2.1.3 修改画布大小

画布是指文档的工作区域，也就是图像显示区域。调整画布大小可以在图像四周增加空白区域，以便放置更多内容；或者裁切掉不需要的内容，让图像内容更紧凑。

【操作方法】打开素材文件，选择"图像|画布大小"命令，打开"画布大小"对话框。在该对话框中进行修改，如图2.5所示。

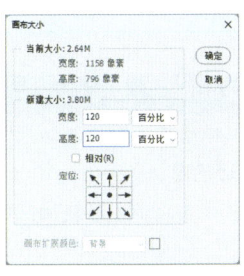 

(a) 扩大画布　　　　(b) 灰色背景为窗口背景，网格区域为扩大后的画布空间

图2.5　修改画布

"定位"选项用于设置图像从哪一个点扩大或缩小画布，默认从中心点开始向四周扩大或缩小画布。如果向某一个方向扩大或缩小画布，可以单击周围8个相反方向的箭头按钮。

> ▶ 注意
> 当画布大小小于当前图像大小时，缩小画布大小会剪切图像。

> ▶ 提示
> 使用"图像大小"命令只会改变图像尺寸，不会改变图像的外观；而"画布大小"命令不但会改变图像尺寸，还会改变图像的外观。"修改画布"命令会缩放图像尺寸和文件大小，但不会影响图像分辨率和原图像质量。

2.1.4　裁切图像

使用裁切工具可以剪去图像四周的多余部分，使图像内容更集中。

【操作方法】打开素材文件，在工具箱中选择"裁切工具"（），此时图像编辑窗口显示8个控制柄，拖曳控制柄可以调整裁切的区域，如图2.6所示。在裁切区域内双击或者按Enter键，即可完成裁切操作。

(a) 裁切前　　　　　(b) 执行裁切　　　　　(c) 裁切后

图2.6　裁切图像

17

> ▶ 提示
>
> 裁切操作会缩减图像尺寸和文件大小，但不会影响图像质量。

> ▶ 技巧
>
> - 若按下 Shift 键拖曳，使用裁切工具在图像窗口中可以拖选正方形的裁切范围。
> - 若按下 Alt 键拖曳，可以选取以开始点为中心点的裁切范围。
> - 若按下 Shift+Alt 组合键拖曳，可以选取以开始点为中心点的正方形裁切范围，也可以在裁切工具的选项栏中设置更多精准裁切操作。

> ▶ 试一试
>
> 打开带有白边的照片，选择"图像|裁切"命令，打开"裁切"对话框，可以快速裁切掉图像纯色边缘或者透明像素区域。

2.1.5 课堂案例：修正人物姿势并输出为网络图片

扫一扫，看视频

■案例位置：案例与素材 \2\2.1.5\demo.psd
■素材位置：案例与素材 \2\2.1.5\1.png

本案例主要使用"裁切工具"修正照片中倾斜的人物姿势，然后输出为适合网络传输的图片文件。

【操作步骤】

步骤 01 打开素材文件（1.png），在工具箱中选择"裁切工具"（ ），将鼠标指针置于图像的顶角控制柄位置。当鼠标指针变为 形状时，按住鼠标左键拖曳旋转图像，如图 2.7 所示。

（a）原图　　　　　　　　　　　　（b）旋转裁切

图 2.7　旋转裁切图像

步骤 02 调整上下、左右控制柄，调整好后按 Enter 键确认裁切。在工具箱中选择"魔棒工具"（ ），选择左上角透明区域。在"图层"面板中新建图层，设置前景色为边缘相邻色（#b6b3c1），按 Alt+Delete 组合键填充透明区域，如图 2.8 所示。

步骤 03 发布网络照片。网络照片对图像质量没有打印的要求高，一般设置 72 像素 / 英寸分辨率就够用了。选择"图像|图像大小"命令，打开"图像大小"对话框，修改图像的分辨率，使图像大小由 1.09M 降到 630.6K，图像质量在视觉上没有明显降低，如图 2.9 所示。

(a) 修正姿势　　　　　　　(b) 填充透明区域

图 2.8　修补图像

图 2.9　降低图像分辨率

2.2　图像基本操作

熟练掌握 Photoshop 图像的基本操作是后续学习和实践的基础。

2.2.1　剪切、拷贝和粘贴

【案例】给照片换背景。
■ 案例位置：案例与素材 \2\2.2.1\demo.psd
■ 素材位置：案例与素材 \2\2.2.1\1.png、2.png

扫一扫，看视频

【操作步骤】

步骤 01　打开素材文件 1.png、2.png，切换到 2.png 图像窗口。选择"选择 | 主体"命令，选择照片中的小狗。

步骤 02　选择"编辑 | 拷贝"命令或按 Ctrl+C 组合键复制小狗。切换到 1.png 图像窗口，

19

选择"编辑 | 粘贴"命令或按 Ctrl+V 组合键粘贴图像，在图像面板中会出现一个新图层，效果如图 2.10 所示。

(a) 选择动物　　　　　　　　　　(b) 粘贴图像

图 2.10　复制粘贴图像

选择"编辑 | 剪切"命令或按 Ctrl+X 组合键可以将选取范围内的图像剪切掉，并把图像放入剪贴板中以方便粘贴。

2.2.2　合并拷贝和贴入

扫一扫，看视频

在"编辑"菜单中提供了"合并拷贝"和"贴入"命令。"合并拷贝"命令可以复制图像中的所有图层，"贴入"命令可以把图像粘贴到选区内。

【案例】制作贴图文字。

▓案例位置：案例与素材 \2\2.2.2\demo.psd

▓素材位置：案例与素材 \2\2.2.2\1.png

【操作步骤】

步骤 01　新建图像（默认 Photoshop 大小），使用"文字工具"在图像中输入 Photoshop，设置字体为华文琥珀、字号为 80 点，保存文档为 demo.psd。在"图层"面板中按 Ctrl 键的同时单击文字图层，调出文字选区。

步骤 02　打开素材 1.png。按 Ctrl+A 组合键全选整个图像，按 Ctrl+C 组合键复制图像。切换到 demo.psd 文档，选择"编辑 | 选择性粘贴 | 贴入"命令。可以看到，粘贴图像后同样也会产生一个新图层，并用蒙版的方式将选区以外的区域盖住，如图 2.11 所示。

图 2.11　贴入图像

> ▶ 试一试
>
> 选取范围，然后选择"图像 | 清除"命令或按 Delete 键，可以清除图像。该命令与"剪切"命令类似，但并不相同，剪切是将图像剪切后放入剪贴板，而清除则是删除图像不放入剪贴板。

2.2.3 移动图像

粘贴图像后，其所在位置往往不能满足要求，因此需要移动。

扫一扫，看视频

【操作方法】在工具箱中选择"移动工具"（✥），选中要移动的图层，移动鼠标指针至图像窗口中，在要移动的对象上按下鼠标左键拖曳即可。

> ▶ 注意
>
> 若移动的对象是图层，则只要将该图层设为作用图层即可移动，而无须先选取范围；若移动的对象是图像中的某一块区域，则必须在移动前先选取范围，然后使用"移动工具"进行移动。

> ▶ 技巧
>
> - 当使用其他工具时（除了抓手、路径相关工具外），按 Ctrl 键可以直接移动图像。若在按 Alt 键的同时移动图像，则可以复制原图像。
> - 若按 Ctrl+ 方向键，则可按 4 个方向以 1 像素为单位移动图像；若按 Ctrl+Alt+ 方向键，则可按 4 个方向以 1 像素为单位移动并复制图像。
> - 若按 Shift 键移动图像，则可按水平、垂直或与水平、垂直成 45° 角的方向移动图像；若按 Ctrl + Shift + 方向键，则可按 4 个方向以多像素为单位移动图像。

2.3 图像旋转和变换

2.3.1 旋转

扫一扫，看视频

旋转操作可分为针对整个图像和针对局部图像（选区内的图像或单个图层）。针对的对象不同，操作也稍有不同。

1. 旋转整个图像

选择"图像 | 图像旋转"子菜单中的命令可以对整个图像进行旋转，包括 180°、顺时针旋转 90°、逆时针旋转 90°、任意角度、水平翻转画布、垂直翻转画布。

> ▶ 注意
>
> 执行这些命令之前，不需要选取图层或选区，因此即使在图像中选取了范围，旋转操作仍然针对的是整个图像。

2. 旋转局部图像

要对局部图像进行旋转操作，首先应选取范围或选中一个图层，然后选择"编辑 | 变换"子菜单中的旋转命令，包括旋转 180°、顺时针旋转 90°、逆时针旋转 90°、水平翻转、垂直翻转。

2.3.2 变换

扫一扫，看视频

选择"编辑 | 变换"子菜单中的命令可以对当前图层中的图像或当前选区内的图像进行变换操作，包括缩放、旋转、斜切、扭曲和透视五种变换，如图 2.12 所示。

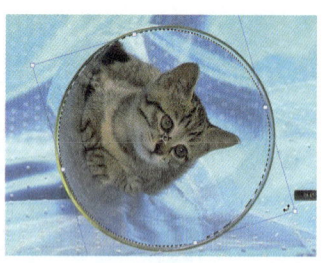

(a) 原图像　　　　　　　　(b) 缩放　　　　　　　　(c) 旋转

(d) 斜切　　　　　　　　(e) 扭曲　　　　　　　　(f) 透视

图 2.12　五种不同的变换方式

在执行变换操作时，可以在选项栏中更准确地控制图像旋转和变换值，如图 2.13 所示。

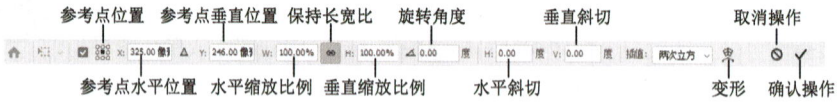

图 2.13　变换操作选项栏

> ▶ 提示
>
> 在这些命令上方有一个"再次"命令（组合键：Ctrl+Shift+T）。该命令只有在已经执行过旋转或变换命令之后才可使用，即选择此命令可以重复上一次所做的旋转或变换操作。

> ▶ 技巧
>
> 在选取范围或者选中图层后,选择"编辑 | 自由变换"命令,或按 Ctrl+T 组合键,将进入自由变换状态。此时拖动控制边框四周的控制柄,可以改变其大小。在控制边框之外的区域拖动鼠标可以旋转图像。

> ▶ 试一试
>
> 选择"编辑 | 内容识别缩放"命令,可以在不更改重要内容(如人物、建筑、动物等)的情况下调整图像大小。常规缩放在调整图像大小时会统一影响所有像素,而内容识别缩放主要影响没有重要内容的区域中的像素。

【操作方法】①选取要保护的区域;②存储选区;③执行"内容识别缩放"命令,在选项栏中设置要"保护"的区域,如图 2.14 所示。

(a) 常规缩放 75%　　　　　　　　(b) 内容识别缩放 75%

图 2.14　内容识别缩放和常规缩放效果对比

2.3.3　变形

选择"编辑 | 变换 | 变形"命令,可以对当前图层中或选区内的图像执行变形操作。此时鼠标光标自动变成▶形状,同时显现变形选项栏,图像中出现变形网格。使用鼠标在图像中自由拖动可以任意变形,在变形网格中拖动控制手柄可以更进一步夸大变形效果,像编辑路径一样灵活自由,如图 2.15 所示。

扫一扫,看视频

(a) 变形网格　　　　　(b) 任意拖动鼠标　　　　　(c) 拖动控制手柄

图 2.15　变形操作

在选项栏的"变形"下拉列表中可以选择各种预设形状。当选择一种预设形状后，可以在其后的选项中设置图像弯曲的程度，值越大，弯曲越厉害。在 H 和 V 文本框中可以输入图像在高和宽方向的变形系数，如果单击"变形转换"按钮（叓），可以对图像进行变换操作，如图 2.16 所示。

（a）预设变形形状　　　　　　　　　（b）返回变换操作

图 2.16　预设形状和状态

▶ 试一试

选择"编辑 | 操控变形"或"透视变形"命令，可以对图像执行更专业的变形操作。
- "操控变形"命令可以轻松让人的手臂弯曲，摆正身体站姿，纠正头部偏斜，调整两肩不平等。在变形图像时，可以指定不受影响的区域，以及需要调整的区域，用法比较灵活。案例演示可以参考 12.7.2 小节。
- "透视变形"命令可以透视视图变形图像。

【操作方法】①打开素材图像 2.png，选择"选择 | 主体"命令快速抠出图书；②按 Ctrl+T 组合键缩小图书，并移到右下侧位置（本步为可选项）；③选择"编辑 | 透视变形"命令，在图像窗口中拖曳鼠标，拖出一个网格线，再调整 4 个控制点的位置，对齐书的 4 个顶角，如图 2.17（a）所示；④在工具选项栏中单击"变形"按钮，然后调整 4 个控制点的位置，让图书平放在地面上，如图 2.17（b）所示；⑤按 Enter 键完成透视变形，在"图层"面板底部单击"添加图层样式"按钮（fx），从弹出的菜单中选择"投影"命令，给图书添加图层投影样式，效果如图 2.17（c）所示。

（a）拖曳透视变形网格线　　　（b）执行变形操作　　　（c）变形后添加投影效果

图 2.17　使用透视变形

2.3.4 课堂案例：制作卡通杯

■ 案例位置：案例与素材 \2\2.3.4\demo.psd
■ 素材位置：案例与素材 \2\2.3.4\1.png、2.png

练习使用"变形"命令自由变形图像，把可爱的卡通人物贴在杯子上，制作一个卡通杯。

【操作步骤】

步骤 01 打开素材文件，选中卡通人物并拖放到杯子图片中，形成一个新的图层。

步骤 02 按 Ctrl+T 组合键适当缩小卡通人物的大小，单击选项栏中的"变形转换"按钮（畀），转换为变形模式。出现变形网格后，调整卡通人物的形状，使其符合杯子的视图，如图 2.18 所示。

(a) 缩小图像　　　　　　　　　(b) 变形图像

图 2.18　变换图像

步骤 03 变形完毕按 Enter 键确认。更改图层混合模式为"正片叠底"，设置"不透明度"为 70%，融合上下图层，产生半透明的效果，如图 2.19 所示。

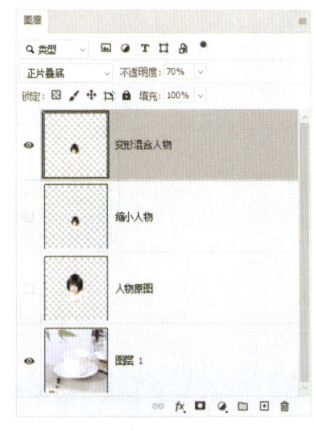

(a) 卡通杯效果　　　　　　　　　(b) 设置图层

图 2.19　融合效果

2.4 还原操作

Photoshop 能够无限地进行还原操作，只要没有保存并关闭图像，还原都是有效的。熟练地运用还原功能将给工作带来极大的便利。

2.4.1 还原和重做

选择"编辑|还原"命令可以还原上一次所做的操作，而选择"编辑|重做"命令则可以重做已还原的操作。

> ▶ 提示
>
> 不论是什么图像编辑操作，都可以使用"还原"和"重做"命令。如果要更快地执行"还原"命令，可以按 Ctrl+Z 组合键，而按 Ctrl+Shift+Z 组合键可以执行"重做"命令。

> ▶ 试一试
>
> 在编辑图像的过程中，只要没有保存图像，都可以将图像恢复至打开时的状态。

【操作方法】选择"文件|恢复"命令或按 F12 键。

2.4.2 "历史记录"面板

"历史记录"面板用于还原和重做操作，比使用"还原"和"重做"命令更方便。

选择"窗口|历史记录"命令，打开"历史记录"面板。该面板由两部分组成，上半部分显示快照的内容，下半部分显示编辑图像时的每步操作。每步的状态都按操作的先后顺序从上至下排列，如图 2.20 所示。单击某步操作，即可快速恢复到当时的操作状态。

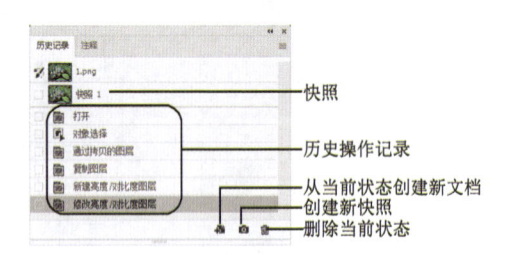

图 2.20 "历史记录"面板

> ▶ 注意
>
> 在默认设置下删除某一状态时，其后面的状态都将一并删除。

> ▶ 试一试
>
> "历史记录画笔工具"（ ）是一种绘图工具。它与"画笔工具"的作用非常相似，但使用该工具可以完成恢复图像的操作。使用"历史记录画笔工具"时，必须配合"历史记录"面板使用。

2.5 本章小结

本章主要介绍了修改图像大小和分辨率、裁切图像和图像基本编辑，如剪切、复制、粘贴、旋转、变换、变形等命令，还介绍了变形、还原和重做、"历史记录"面板。本章内容虽然比较简单，但是一些操作需要反复实践，才能熟能生巧。如果使用得恰到好处，可以充分体现出 Photoshop 的魅力。

2.6 课后习题

1. 填空题

（1）增大图像分辨率，会增大图像 _____ 和文件大小，但不会提升图像 _____。减小图像尺寸，会降低文件 _____，也会降低图像 _____。

（2）当使用画布命令时，如果调整后的尺寸 _____ 原图像尺寸，将裁切掉图像部分。

（3）在选择"选框工具"的情况下，如果要移动选取范围中的图像，可以按 _____ 键。

（4）选择 _____ 命令，可以在不更改重要内容的情况下调整图像大小。

（5）按 _____ 键可以返回上一步的操作，按 _____ 键可以执行"重做"命令。

2. 选择题

（1）假设一个图像的左侧有空白边缘，现选择"图像|裁切"命令将其去除，则必须在"裁切"对话框中选择 _____ 选项。

    A. 顶   B. 左
    C. 底   D. 右

（2）若想要按水平、垂直或与水平、垂直成 45° 的方向移动图像，需要在移动时按 _____ 键。

    A. Shift   B. Alt
    C. Ctrl   D. Alt+Ctrl

（3）如果要更快地进行图像变换操作，可以按 _____ 键。

    A. Ctrl + Z   B. Ctrl + A   C. Ctrl + T   D. Ctrl + X

（4）选择移动工具，然后按 Alt 键并拖动选取范围中的内容，此操作为 _____。

    A. 移动图像   B. 删除图像   C. 复制图像   D. 以上都不对

（5）按 Delete 键可以删除选区中的图像内容，删除的区域将填入 _____ 颜色。

    A. 白色   B. 背景色   C. 前景色   D. 透明

3. 判断题

（1）在移动工具的选项栏中勾选"自动选择"复选框后，用鼠标在图像窗口中单击可以自动选中图层。　　　　　　　　　　　　　　　　　　　　　　　　　　　　　　（　　）

（2）利用"裁切"命令可以裁切任意形状的选取范围。　　　　　　　　　　　　　（　　）

（3）分辨率是指在单位长度内所含有的像素的多少。　　　　　　　　　　　　　（　　）

（4）按 Ctrl+Shift+C 组合键可以合并拷贝，按 Ctrl+Shift+V 组合键可以原位粘贴。（　　）

（5）要恢复图像可以按 F11 键或选择"文件 | 恢复"命令。　　　　　　　　　　（　　）

4. 简答题

（1）决定分辨率的主要因素是什么？图像大小和分辨率有什么关系？

（2）旋转操作主要针对的是什么内容？

5. 上机练习

（1）打开练习素材（位置：案例与素材 \2\ 上机练习素材 \1.jpg），思考如何使用裁切工具调整图像，调整前后效果如图 2.21 所示。

(a) 原图 　　　　　　　　　　　　　　(b) 效果图

图 2.21　练习效果（1）

（2）打开练习素材（位置：案例与素材 \2\ 上机练习素材 \2.png、3.png），使用套索工具和多边形套索工具将图 2.22（a）中的窗户外景选取出来，然后将风景图粘贴到窗户选区内，设计图 2.22(b) 所示的效果。

(a) 原图 　　　　　　　　　　　　　　(b) 效果图

图 2.22　练习效果（2）

图　层　　　　　　　　　　　　　第 3 章

📣 学习目标

- 认识图层、"图层"面板和图层命令。
- 熟悉各种基本图层操作，以及多图层操作。
- 了解多种图层类型。
- 正确设置图层样式。
- 理解图层混合原理及多种常用模式。

　　使用图层可以方便地编辑图像，简化图像操作，使图像处理更具有灵活性；使用图层还可以创建各种特殊效果，实现充满创意的平面设计作品。因此，图层是 Photoshop 图像处理的基础，只有掌握图层操作，才能深刻理解 Photoshop 的其他功能，从而成为一个平面设计高手。

3.1 认识图层

图层的概念最早源自动画制作，为了减少工作量，动画制作人员使用透明纸进行绘图，将动画中的变动部分和背景图分别画在不同的透明纸上。这样就不必重复绘制背景图了，需要时叠放在一起即可。

Photoshop 参照了使用透明纸进行绘图的思想，使用图层将图像分层。用户可以将每个图层理解为一张透明的纸，将图像的各部分绘制在不同的图层上。透过这层纸，可以看到纸后面的内容，如图 3.1 所示。而且无论在这层纸上如何涂画，都不会影响到其他图层中的图像。也就是说，每个图层可以进行独立的编辑。同时，Photoshop 提供了多种图层混合模式和透明度调整，可以将两个图层的图像通过各种形式很好地融合在一起，从而产生许多特殊效果。例如，常见的建筑效果图主要就是通过图层混合技术实现的。

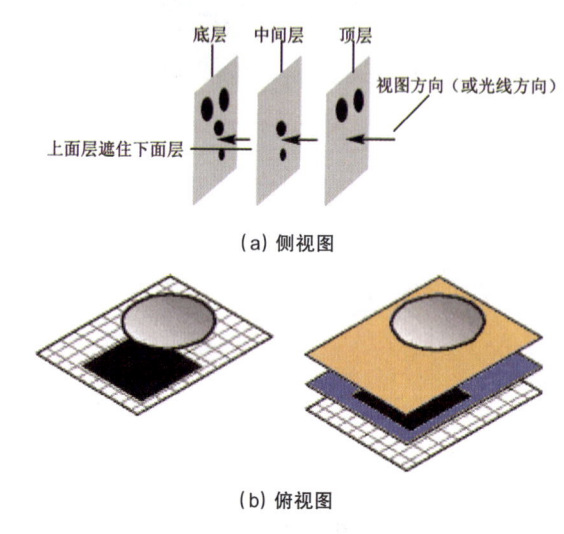

（a）侧视图

（b）俯视图

图 3.1 图层视觉原理

3.2 图层基本操作

图层操作主要在"图层"面板中完成，也可以通过图层菜单命令实现。读者可根据需要和使用习惯酌情选择。

3.2.1 认识"图层"面板

先使用 Photoshop 打开一幅图像，然后选择"窗口 | 图层"命令，或者按 F7 键，打开"图层"面板，如图 3.2 所示。

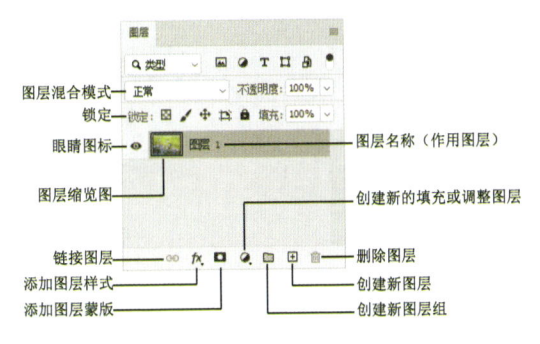

图3.2 "图层"面板

在"图层"面板中，每个图层自下而上依次排列，在图像窗口中，每个图层中的图像也按该顺序叠放。叠放在最上面的图像，其所在图层位于最上面，因此上面的图像会遮盖下面的图像。下面简单介绍一下"图层"面板的组成。

- 图层混合模式：在该列表框中可以选择不同的图层混合模式，以决定该图层的图像与下面图层的图像叠合在一起的效果。
- 不透明度：设置图层的不透明度。当切换作用图层时，不透明度显示也会随之切换为当前作用图层的设置值。
- 锁定：在此选项组中指定要锁定的图层内容。
- 填充：设置图层的内部不透明度。
- 图层名称：以便区分每个图层。双击图层名称可以修改名称，如图3.3所示。
- 图层缩览图：在图层名称的左侧有一个图层缩览图。通过图层缩览图可以迅速辨识每个图层。当修改图层中的图像时，图层缩览图也会随之改变。图层缩览图的大小可以改变。

【操作方法】单击图层面板菜单（▤），从弹出的菜单中选择"面板选项"命令，可以进行修改。

- 眼睛图标（👁）：用于显示或隐藏图层。当不显示该图标时，表示该图层中的图像被隐藏。单击该图标，可以切换显示或隐藏状态。当图层隐藏时，任何图像编辑操作都不起作用。
- 作用图层：在"图层"面板中以深灰色背景显示的图层，表示可操作图层，也称为作用图层。一幅图像中只有一个作用图层，大部分命令都只对作用图层有效。单击图层名称或图层缩览图可切换作用图层。

"图层"面板底部的按钮从左到右按顺序介绍如下。

- 链接图层（🔗）：当图层中出现链条形图标时，表示该图层与作用图层绑定在一起，可以同时被操作。

【操作方法】选中多个图层后单击该按钮，可以创建图层链接，或者取消当前图层链接，如图3.4所示。

- 添加图层样式（fx）：单击该按钮可以打开一个菜单，从中选择一种图层样式，以应用于当前图层。
- 添加图层蒙版（◻）：单击该按钮可以创建一个图层蒙版。

31

图3.3　重命名图层　　　　　　图3.4　链接图层

- 创建新的填充或调整图层（⬤）：单击该按钮可以打开一个菜单，从中创建一个填充图层或调整图层。
- 创建新图层组（▭）：单击该按钮可以创建一个新图层组。
- 创建新图层（⊞）：单击该按钮可以创建一个新图层。
- 删除图层（🗑）：单击该按钮可删除当前所选图层。拖曳图层到该按钮上，也可以删除图层。

▶ 提示

当操作图层时，一些比较常用的控制，如新建、复制和删除图层等，可以通过"图层"菜单中的命令完成。这样可以大大提高工作效率，也可以使用图层面板菜单（≡）进行操作。这两个菜单的内容基本相似，只是侧重略有不同：前者偏向控制层与层之间的关系，而后者则偏向设置特定层的属性。

▶ 技巧

可以使用快捷菜单完成图层操作。当右击"图层"面板中的不同图层或不同位置时，会发现能够打开含有不同命令的快捷菜单。利用这些快捷菜单，可以快速、准确地完成图层操作。这些操作的功能与"图层"菜单命令或图层面板菜单命令的功能是一致的。

3.2.2　新建图层和图层组

扫一扫，看视频

1. 新建图层

新建图层的方法有多种。
- 在"图层"面板底部单击"创建新图层"按钮（⊞）。
- 选择"图层|新建|图层"命令。
- 右击"图层"面板中的图层列表，从弹出的快捷菜单中选择"新建图层"命令。
- 单击图层面板菜单（≡），从弹出的菜单中选择"新建图层"命令。

▶ 注意

使用Photoshop处理图像时，任何破坏性的操作都应在新图层中完成，或者对原图层先备份后处理。在绘图或者添加新内容时，每步操作都应该新建图层，不可以在同一个图层内完成所有操作。

▶ 提示

在新建图层时，应该使用描述性短语命名图层，如果一幅作品包含几十或上百个图层时，命名清晰的图层显得尤为重要。

2. 新建图层组

图层组类似文件夹，方便对图层进行管理。新建图层组的方法与新建图层的方法类似，也有多种方法，可以借助"图层"面板底部按钮、菜单命令、快捷菜单命令、图层面板菜单命令完成。

创建图层组后，可以将已有的图层移到图层组中，或者在当前图层组中创建新的图层。要移动图层到指定图层组，只需单击相应图层，按住鼠标左键将该图层拖曳至图层组的名称或文件夹图标（ ）上并释放鼠标即可，如图 3.5 所示。

(a) 先创建图层组，再将图层拖入图层组　　(b) 拖动图层到底部按钮上创建图层组　　(c) 管理两个图层的图层组

图 3.5　管理图层

▶ 试一试

如果要在当前图层组中创建新图层，则应先选择图层组，再按上面介绍过的创建新图层的方法操作即可。将图层拖曳至图层组之外的图层上可以脱离图层组。

将图层组拖曳到"图层"面板底部的"删除图层"（ ）按钮上可以删除图层组；选中图层组之后，也可以通过菜单命令快速删除图层组。

选中图层组后，选择"图层 | 取消图层编组"命令；或者右击图层组，从弹出的快捷菜单中选择"取消图层编组"命令，可以解散图层组。

▶ 注意

删除图层组时，图层组中的所有图层也将一并被删除。因此，删除图层组时应注意先将不想删除的图层移出该图层组。

▶ 提示

单击图层组中的三角形图标（ ），可以展开图层组中的图层；再次单击即可折叠当前打开的图层组。单击图层组左侧的眼睛图标（ ），将隐藏当前图层组中的所有图层。同样，如果复制图层组，也会复制该图层组内的所有图层。

3.2.3　选择图层

在"图层"面板中操作图层有多种选择的方式，简单介绍如下。

- 选择一个图层：在"图层"面板中单击图层缩览图或者图层名称。
- 选择多个连续的图层：按住 Shift 键，然后单击首尾两个图层。

扫一扫，看视频

- 选择多个不连续的图层：按住 Ctrl 键，然后单击这些图层。

▶ **注意**

按住 Ctrl 键单击时，不要单击图层的缩览图，而要单击图层名称，否则就会载入图层中图像的选区，而不是选中该图层。

- 选择所有图层：选择"选择|所有图层"命令，或按 Ctrl+Alt+A 组合键。

▶ **提示**

在图像窗口中，也可以自由选择多个图层中的图像，这时"图层"面板中会显示相应图层被选中。

▶ **技巧**

使用移动工具在图像窗口中单击不同的对象，可以快速选中该对象对应的图层；如果按住 Shift 键，单击不同的对象，可以选中它们对应的多个图层。如果当前使用的不是移动工具，则只要按住 Ctrl 键，在图像窗口中单击也可以单选；按住 Ctrl+Shift 组合键，连续单击可以多选。

3.2.4 移动、复制和删除图层

1. 移动图层

在"图层"面板中，按住鼠标左键拖曳作用图层，在图层列表中移动其位置，同时会显示一条蓝线提示新的移动位置，松开鼠标即可完成移动操作。

选择"图层|排列"命令，在其子菜单中包含 5 个命令，可以快速移动图层。如果图像中含有背景图层，则移动的图层只能在背景图层之上，因为背景图层始终位于最底部。

- 置为顶层（Ctrl+Shift+]）：移动作用图层到最上面。
- 前移一层（Ctrl+]）：作用图层向上移动一层。
- 后移一层（Ctrl+[）：作用图层向下移动一层。
- 置为底层（Ctrl+Shift+[）：移动作用图层到最下面。
- 反向：如果选择多个图层，则使用该命令可以反转它们的排列顺序。

2. 复制图层

可将图层复制到同一图像文档中，或者复制到另一个图像文档中。当在同一图像文档中复制图层时，最快的方法就是将图层拖动至"创建新图层组"（ 📁 ）按钮上。复制后的图层将出现在被复制的图层上方。

也可以使用菜单命令复制图层。

【操作方法】先选择要复制的图层，然后在"图层"菜单或图层面板菜单中选择"复制图层"命令，打开"复制图层"对话框。在"为"文本框中输入复制后的图层名称，在"目标"选项组中为复制后的图层指定一个目标文件。

3. 删除图层

选中要删除的图层，然后单击"图层"面板中的"删除图层"（ 🗑 ）按钮，或者选择

图层面板菜单中的"删除图层"命令,也可以直接使用鼠标拖动图层到"删除图层"(🗑)按钮上进行删除。

> ▶ **技巧**
> 如果所选图层是隐藏的图层,可以选择"图层 | 删除 | 隐藏图层"命令进行删除。

4. 其他操作

"图层"菜单中包含很多图层操作功能,建议读者逐一上机尝试练习。下面两个命令比较常用,简单介绍一下。

先创建一个选区,然后选择"图层 | 新建"命令,在打开的子菜单中选择"通过拷贝的图层"命令(Ctrl+J),可以复制选区内的图像到新图层中,如图 3.6 所示;如果选择"通过剪切的图层"命令(Ctrl+Shift+J),可以将选区内的图像剪切到新图层中,如图 3.7 所示。

图 3.6　通过拷贝的图层

图 3.7　通过剪切的图层

3.2.5　锁定图层

Photoshop 允许锁定图层或图层组,以保护图层在编辑时不受特定操作的影响。"锁定"选项组包含 5 个按钮,具体说明如下。

- 锁定透明像素(▨):将透明区域保护起来,禁止操作透明区域,如图 3.8 所示。
- 锁定图像像素(✏):将当前图层保护起来,禁止填充、描边及其他绘图操作,即无法进行绘图操作。此时,所有画笔类工具显示为禁用状态(⊘),如图 3.9 所示。

图 3.8　锁定透明像素

图 3.9　锁定图像像素

- 锁定位置（✥）：锁定当前图层中图像的位置，禁止进行移动、旋转、翻转和自由变换等编辑操作，但允许进行填充、描边和其他绘图操作。
- 防止在画板和画框内外自动嵌套（🗗）：是主要针对画板的专用功能，一般很少用到。
- 锁定所有属性（🔒）：上述所有操作都不被允许。

▶ 注意

当锁定透明像素、图像像素、位置时，仍然可以调整当前图层的不透明度和图层混合模式。

▶ 提示

锁定图层后，在当前图层右侧会出现一个锁定图标（🔒）。如果选择图层组并单击"锁定所有属性"按钮，则可以锁定图层组中的所有图层。

3.2.6 链接和合并图层

如果需要对多个图层执行相同的操作，可以把它们链接起来。选中多个图层，单击"链接图层"（⛓）按钮，链接图层右侧会显示一个链接符号（⛓）。当选择链接图层中的任一图层进行移动时，所有与之链接的图层中的图像都会同时移动，如图3.10所示。

图3.10　链接图层

合并图层可以减少图像文件所占用的磁盘空间，也可以提高操作速度。在"图层"菜单中提供了3个合并命令，简单说明如下，演示如图3.11所示。

- 向下合并（Ctrl+E）：将作用图层与其下方一图层图像合并，其他图层保持不变。
- 合并可见图层（Ctrl+Shift+E）：合并图像中所有显示的图层，而隐藏的图层保持不变。
- 拼合图层：合并图像中的所有图层，并在合并过程中丢弃隐藏的图层。在丢弃隐藏图层时，Photoshop会弹出提示，询问是否要丢弃隐藏的图层。

(a) 合并前　　　　　　(b) 合并可见图层　　　　　　(c) 拼合图层

图 3.11　合并图层

> ▶ 试一试
>
> 盖印图层是一种特殊的图层合并操作，它可以将多个图层合并到一个新图层中，而不影响原图层。具体方法如下。
> - 向下盖印：选择一个图层，然后按 Ctrl+Alt+E 组合键，可以将该图层中的图像盖印到下面图层中，当前图层的内容保持不变。
> - 盖印多个图层：选择多个图层，然后按 Ctrl+Alt+E 组合键，可以将这些图层中的图像盖印到一个新的图层中，原多个图层的内容保持不变。
> - 盖印可见图层：按 Ctrl+Shift+Alt+E 组合键，可以将所有可见图层盖印到一个新的图层中。
> - 盖印图层组：选择一个图层组，然后按 Ctrl+Alt+E 组合键，可以将该图层组中的所有图层内容盖印到一个新的图层中，原图层组中的内容保持不变。

3.2.7　对齐和分布图层

选中两个或以上图层，然后选择"图层 | 对齐"子菜单中的命令，可以对齐多个图层，如图 3.12 所示。

- 顶边：将所有选中图层最顶端的像素与作用图层最上边的像素对齐。
- 垂直居中：将所有选中图层在垂直方向的中心像素与作用图层垂直方向的中心像素对齐。
- 底边：将所有选中图层最底端的像素与作用图层最底端的像素对齐。
- 左边：将所有选中图层最左端的像素与作用图层最左端的像素对齐。
- 水平居中：将所有选中图层在水平方向的中心像素与作用图层水平方向的中心像素对齐。
- 右边：将所有选中图层最右端的像素与作用图层最右端的像素对齐。

选中 3 个或以上图层，然后选择"图层 | 分布"子菜单中的命令，可以均匀分布多个图层，如图 3.13 所示。

- 顶边：从每个图层最顶端的像素开始，均匀分布各图层的位置，使它们最顶边的像素间隔相同的距离。
- 垂直居中：从每个图层垂直居中的像素开始，均匀分布各链接图层的位置，使它们垂直方向的中心像素间隔相同的距离。

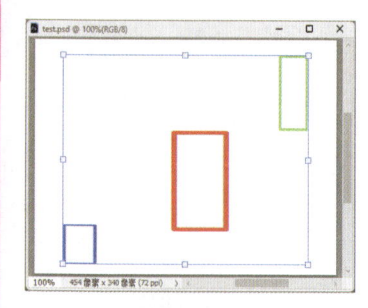

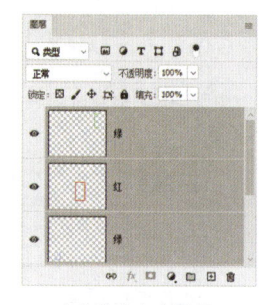

(a)图层图像　　　　(b)选中多个图层　　　　(c)垂直居中对齐

图3.12　对齐图层

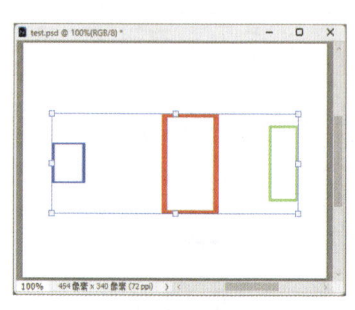

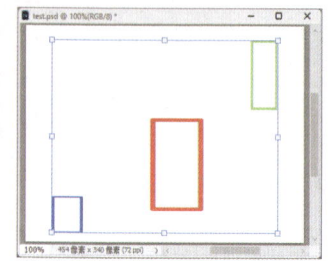

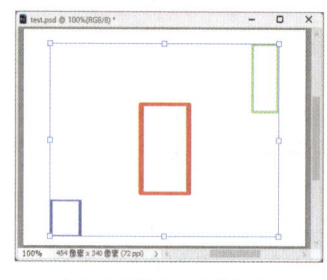

(a)顶边、左边　　　　(b)水平居中、垂直居中　　　　(c)底边、右边

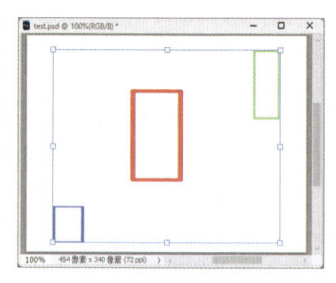

图3.13　分布图层

- 底边：从每个图层最底端的像素开始，均匀分布各链接图层的位置，使它们最底端的像素间隔相同的距离。
- 左边：从每个图层最左端的像素开始，均匀分布各链接图层的位置，使它们最左端的像素间隔相同的距离。
- 水平居中：从每个图层水平居中的像素开始，均匀分布各链接图层的位置，使它们水平方向的中心像素间隔相同的距离。
- 右边：从每个图层最右端的像素开始，均匀分布各链接图层的位置，使它们最右端的像素间隔相同的距离。

▶ 技巧

当选中多个图层后，在工具箱中选择"移动工具"，在选项栏中可以快速对齐和分布图层，如图3.14所示。

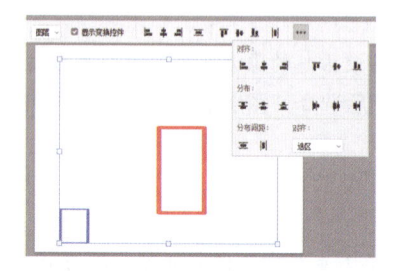

图3.14　使用"移动工具"快速对齐和分布图层

3.2.8 课堂案例：绘制五连环

■案例位置：案例与素材\3\3.2.8\demo.psd
本案例练习使用图层功能绘制五个串连的圆环图形。

【操作步骤】

步骤 01 新建文档。选项设置：大小为 1000 像素 ×1000 像素，分辨率为 96 像素/英寸，其他默认。保存为 demo.psd。

步骤 02 新建图层，命名为"蓝色"，使用"椭圆选框工具"绘制一个固定大小选区（宽、高均为 268 像素）。然后描边选区，描边设置：淡蓝色（#2e8cfc）、宽度 18 像素，如图 3.15 所示。

步骤 03 以同样的方式新建 4 个图层，绘制同等大小的选区，描边宽度均为 18 像素。图层名称与描边颜色相对应：黄色图层，浅黄色（fde900）；黑色图层，黑色（#000000）；绿色图层，浅绿色（#4bfe00）；红色图层，土红色（#da0000）。初步效果如图 3.16 所示。

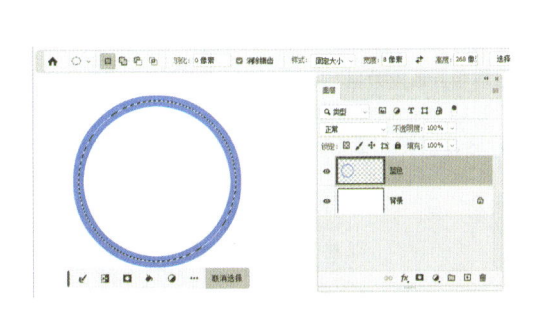

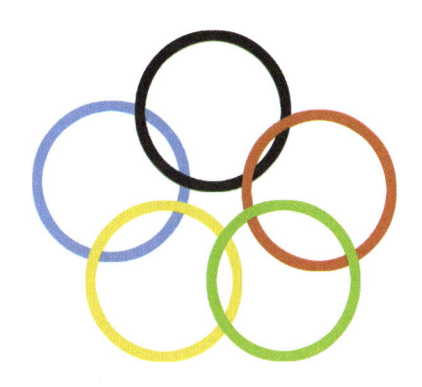

图 3.15 绘制圆环　　　　图 3.16 绘制 5 个圆环

步骤 04 选中 5 个图层，让其水平居中分布。选中蓝色和红色 2 个图层，使其顶边对齐；选中黄色和绿色 2 个图层，使其底边对齐。使用"移动工具"拖曳黑色图层，按住鼠标左键不放，轻轻移动位置，激活智能对齐参考线。确保水平中心位置对齐黑色圆环的中心点位置。完成对齐和分布之后，效果如图 3.17 所示。

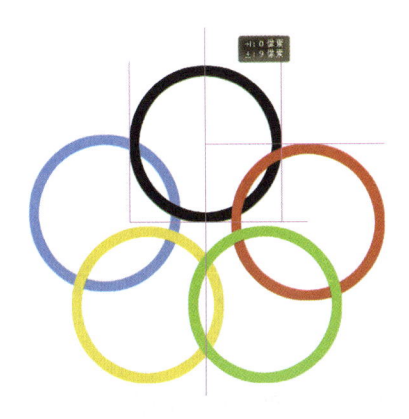

图 3.17 对齐和分布 5 个圆环

步骤 05 在工具箱中选择"移动工具",按住 Shift 键,选中黄色和绿色图层,按 Ctrl+] 组合键,将这 2 个图层移到"图层"面板的顶部,以便盖住蓝色、黑色和红色图层。

步骤 06 设计五环相互串连效果。选中蓝色图层,使用"套索工具"勾选蓝色圆环与黄色圆环靠上遮盖区域。按 Ctrl+J 组合键,复制图层,命名为"蓝色遮盖黄色",按 Ctrl+Shift+] 组合键,移到"图层"面板的顶部,如图 3.18 所示。

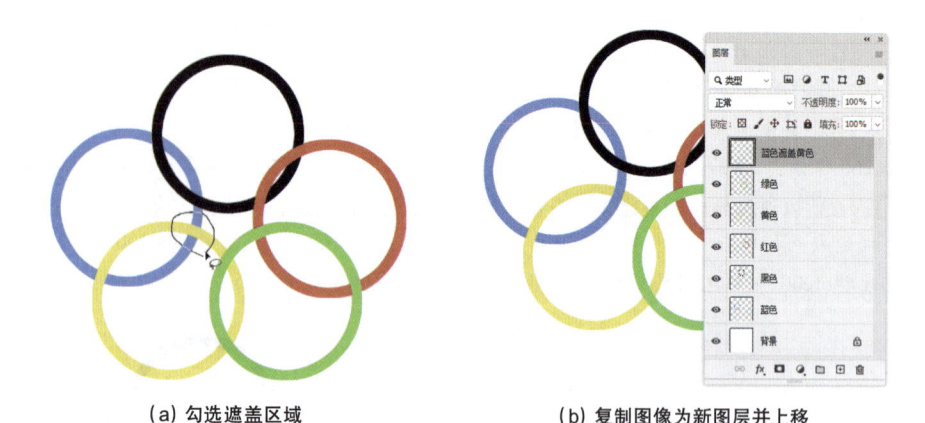

（a）勾选遮盖区域　　　　　　　（b）复制图像为新图层并上移

图 3.18　设计五环相互串连效果

步骤 07 以相同的方法处理其他 3 个位置的遮盖问题,最后的设计效果如图 3.19 所示。

（a）设计的奥运五环效果　　　　　（b）图层列表

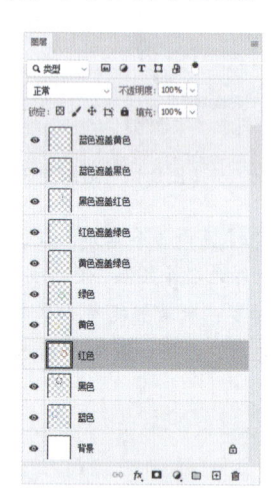

图 3.19　设计的奥运五环效果

3.3　图层类型

从应用场合和功能的角度看,Photoshop 中的图层可以分成多种类型,如普通图层、背景图层、调整图层、填充图层、智能对象图层、文本图层（参考第 7 章内容）和形状图层

（参考第 8 章内容）等。不同的图层，其应用场合和实现的功能有所差别，操作和使用方法也各不相同。

3.3.1 普通图层和背景图层

1. 普通图层

普通图层是最常用的图层，几乎所有的 Photoshop 功能都可以在这种图层上应用。普通图层可以通过混合模式实现与其他图层的融合。

建立普通图层有多种方法：可以在"图层"面板中单击"创建新图层"按钮（🗔）来建立；也可以选择"图层 | 新建 | 图层"命令或图层面板菜单中的"新建图层"命令，打开"新建图层"对话框来创建新图层。

在"图层"面板中，新建的图层位于原作用图层的上方，并成为当前作用图层。

▶ **技巧**
按 Ctrl+Shift+N 组合键或按住 Alt 键单击"创建新图层"按钮，也可打开"新建图层"对话框。

2. 背景图层

背景图层作为图像的背景，不能对其应用任何类型的混合模式。背景图层具有以下特点。
- 是一个不透明的图层，以背景色为底色，始终为被锁定状态（🔒）。
- 不能设置不透明度、混合模式和填充颜色。
- 图层名称为"背景"，位置始终在"图层"面板的最底层。

新建文档时，Photoshop 默认会新建一个背景图层，背景色为白色，如图 3.20 所示。如果选择"图层 | 新建 | 背景图层"命令，会将当前作用图层转换为背景图层，使用背景色填充，并置于图层底部，如图 3.21 所示。

图 3.20　背景图层　　　　　图 3.21　将普通图层转换为背景图层

如果要更改背景图层的不透明度和混合模式，应先将其转换为普通图层。

【操作方法】双击背景图层，可以将背景图层转换为普通图层。

3.3.2 调整图层

Photoshop 提供了两种调整图像色彩和色调的方法：①使用"图像 | 调整"子菜单中的各种命令；②使用调整图层。第一种方法的操作无法恢复，也无法修改；而调整图层不会破坏原图像的像素，并支持随时恢复、重新修改。

41

新建调整图层的方法：打开"图层|新建调整图层"子菜单，或者在"图层"面板底部单击"创建新的填充或调整图层"按钮（ ），从弹出的菜单中选择一种调整命令。

【案例1】使用 Photoshop 打开一幅图像，打开"图层|新建调整图层"子菜单，从中选择一个色调/色彩调整命令。选择"色阶"命令，打开"新建图层"对话框，保持默认设置，单击"确定"按钮，打开"属性"面板，同时在"图层"面板中创建一个调整图层。在"属性"面板中设置各项参数，增加图像色彩对比度，调整前后的效果如图 3.22 所示。

素材位置：案例与素材 \3\3.3.2\1.png、demo1.psd。

调整图层具有以下特点。

- 在调整图层左侧显示与色调或色彩命令相关的缩览图，在其右侧显示蒙版缩览图，中间显示调整命令与蒙版是否关联的链接符号，如图 3.23 所示。当出现链接符号时，表示图层与图层蒙版的位置相链接，当移动一方时，另一方也会跟随移动；如果没有出现链接符号，则表示图层或图层蒙版都可以单独移动，互不影响。

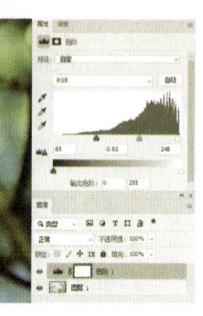

（a）原图　　　　　　　　　　　（b）调整色阶后的效果图

图 3.22　应用色阶调整图层前后的对比效果

图 3.23　调整图层

- 在默认状态下，调整图层会作用于其下方的所有图层。如果在"属性"面板底部单击"单击可剪切到图层"按钮（ ），则当前调整图层只会作用于下一层的图像。

【案例2】当激活"属性"面板底部的"单击可剪切到图层"按钮（ ）时，色阶调整图层仅会对"图层2"中的图像有效，而对"图层1"中的图像无效，如图 3.24 所示。

素材位置：案例与素材 \3\3.3.2\1.png、2.png、demo2.psd。

- 可以编辑蒙版，使调整命令仅对图像局部区域有效。

【操作方法】在"图层"面板中双击蒙版缩览图，使图像窗口切换为蒙版编辑状态，同时工具箱和"属性"面板会发生变化，如图 3.25 所示。

图3.24 调整下一层图像

图3.25 切换到蒙版编辑状态

【案例3】操作目标：希望调整图层仅对图像中的主体内容（蝴蝶和花朵）有效，不要影响背景区域。观察蒙版缩览图，可以看到蒙版为全白色，即全透明，说明没有保护的区域。

素材位置：案例与素材\3\3.3.2\1.png、demo3.psd。

步骤 01 按Ctrl+Shift+I组合键，反选选区，即翻转蒙版区域，此时整个图像被蒙版遮盖住，表示图像中的每个像素都不允许应用调整命令。

步骤 02 在左侧工具箱中选择"对象选择工具"（用法可参考4.4.1小节内容），选中图像中的主体区域，如图3.26所示。

步骤 03 在右侧的"属性"面板中单击底部的"确定"按钮，完成蒙版编辑操作。此时可以看到调整图层右侧的蒙版缩览图发生了变化，同时图像窗口中的主体对象被增大了对比度，而背景区域没有受到任何影响，效果如图3.27所示。

图3.26 编辑蒙版

图3.27 调整图层仅应用于图像内主体区域效果

3.3.3 填充图层

填充图层可以在当前图层中填充一种纯色、渐变色或图案，并绑定图层蒙版功能。与调整图层不同，填充图层不会影响下面的图层。

> **▶ 提示**
>
> 填充图层的功能等同于填充命令＋绑定图层蒙版，但填充图层的功能更强大、使用更方便。填充图层作为一个图层保存在图像中，无论如何修改和编辑，都不会影响其他图层和整个图像的品质，并且具有反复修改和编辑的功能。

1. 纯色填充图层

纯色填充图层是用一种颜色填充的图层，并关联了一个图层蒙版。参考上一小节的操作，可以通过编辑蒙版设计图像局部填充颜色的效果。

【案例1】打开一幅图像，选择"图层 | 新建填充图层 | 纯色"命令，打开"新建图层"对话框。保持默认设置，单击"确定"按钮，在弹出的"拾色器"对话框中设置填充颜色为浅黄色（#f5f05f），新建一个纯色填充图层。在"图层"面板中调整当前图层的不透明度为50%，填充为50%，效果如图3.28所示。

■素材位置：案例与素材 \3\3.3.3\1.png、demo1.psd。

(a) 原图　　　　　　　　　　　　(b) 填充纯色后的效果图

图3.28 应用纯色填充图层前后的对比效果

▶ 提示

图层蒙版起到了隐藏或显示图像局部区域的作用。在"图层"面板底部单击"添加图层蒙版"按钮（ ），可以为当前图层关联一个蒙版，默认为白色（全透明）。如果建立了选区后再添加图层蒙版，则仅显示选区内的图像。图层蒙版的作用：不仅限于遮盖图像不需要的区域，还可以编辑图层蒙版，如添加样式、滤镜，执行旋转和翻转等操作。

2. 渐变填充图层

渐变填充图层是用一种渐变色填充的图层，并关联了一个图层蒙版。

【案例2】打开一幅图像，选择"图层|新建填充图层|渐变"命令，打开"新建图层"对话框。保持默认设置，单击"确定"按钮，在弹出的"渐变填充"对话框中设置渐变：线性、90度、从 #a0ae00 到透明，确定之后新建一个渐变填充图层，效果如图 3.29 所示。

素材位置：案例与素材 \3\3.3.3\2.png、demo2.psd。

(a) 原图　　　　　　　　　　(b) 填充渐变后的效果图

图 3.29　应用渐变填充图层前后的对比效果

3. 图案填充图层

图案填充图层是用一种图案填充的图层，并关联了一个图层蒙版。

【案例3】制作图案文字。

素材位置：案例与素材 \3\3.3.3\demo3.psd。

步骤 01　新建文档，按 Photoshop 默认大小设置，使用"文字工具"输入 Photoshop。为了方便查看效果，设置胖体文字（如黑体）、大小为 90 点（越大越好）。

步骤 02　按住 Ctrl 键，单击文字图层名称，调出文字选区，再隐藏文字图层。

步骤 03　选择"图层|新建填充图层|图案"命令，打开"新建图层"对话框。保持默认设置，单击"确定"按钮，在弹出的"图案填充"对话框中选择一种图案，确定之后即可新建一个图案填充图层，效果如图 3.30 所示。

▶ 提示

如果重新设置填充图层中的内容，则在填充图层中双击图层缩览图，打开对话框修改即可。

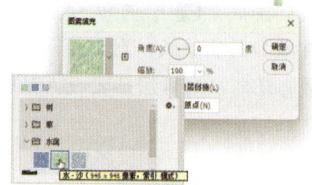

(a) 输入文字　　　　　　　　　　　　(b) 填充图案后的效果图

图 3.30　应用图案填充图层的效果

► **技巧**

选中填充图层，在"通道"面板中会显示图层蒙版的内容。可以在"通道"面板中单击蒙版通道，然后在图像窗口中进行编辑，如添加羽化、样式和滤镜等，以产生更多特效，如图 3.31 所示。

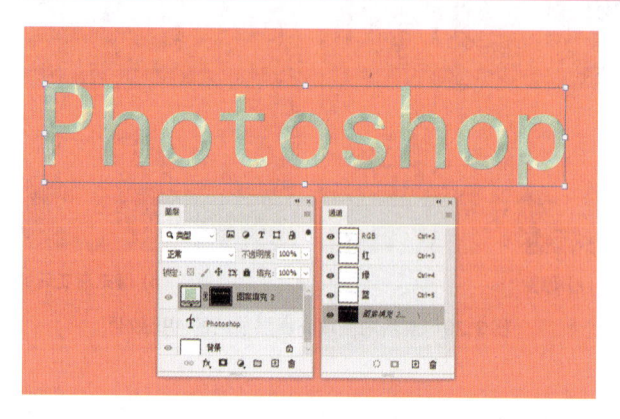

图 3.31　在通道中编辑蒙版

► **试一试**

当不需要图层蒙版时，可以将它删除。

【操作方法】先选中绑定了蒙版的图层，然后选择"图层|图层蒙版|删除"命令即可；或者在"图层"面板中拖曳蒙版缩览图至面板底部的"删除图层"按钮（ 🗑 ）上，确认删除即可。

按住 Alt 键在"图层"面板中单击蒙版缩览图，可以在图像窗口中只显示图层蒙版的内容。这样可以很直观地看到图层蒙版的效果。

也可以关闭蒙版，以方便查看整个图层图像。

【操作方法】先选中绑定了蒙版的图层，然后选择"图层|图层蒙版|停用"命令，或按住 Shift 键，单击蒙版缩览图，关闭图层蒙版。此时蒙版缩览图上显示红色的"×"号。当要显示蒙版时，可重新按住 Shift 键，单击图层蒙版缩览图。

▶ 补充

在"图层 | 图层蒙版"子菜单中还提供了更多命令,简单介绍如下。
- 显示全部:将整个图层中的图像显示出来,即相当于全白蒙版。
- 隐藏全部:将整个图层中的图像隐藏起来,即相当于全黑蒙版。
- 显示选区:将选取范围内的图像显示出来,并隐藏其以外的区域。
- 隐藏选取范围:与"显示选区"命令相反,将选取范围遮盖起来。
- 从透明区域:将透明区域隐藏起来。

3.3.4 智能对象图层

智能对象是一种可以包含位图和矢量图的特殊图层。在进行变形处理时,智能对象能够减少原图的损失,并且可以替换、更新和恢复原图。

1. 创建智能对象

- 选择"文件 | 打开为智能对象"命令,可以打开文件并将其转换为智能对象。
- 选择"文件 | 置入链接的智能对象"命令,可以将对象置入 Photoshop 并转换为智能对象。此时如果源文件发生变动,则智能对象会同步更新。
- 选中图层,再选择"图层 | 智能对象 | 转换为智能对象"命令,可以将选中的图层转换为智能对象,如图 3.32 所示。

图 3.32 智能对象图层

智能对象图层的图层缩览图的右下角会显示一个 图标。

2. 操作智能对象

智能对象图层可以复制,包括以下两种操作形式。
- 复制出链接智能对象:与普通图层操作方法相同,复制的图层与原图层保持链接关系,即其中一个智能对象发生变化,另一个也会保持同步更新。选择"移动工具",按住 Alt 键,拖曳智能对象图层可以快速复制。
- 复制出非链接智能对象:选择"图层 | 智能对象 | 通过拷贝新建智能对象"命令,可以复制一个新的智能对象,与原图层不会保持同步联系。

选择"图层 | 智能对象 | 复位变换"命令,可以撤销对智能对象的变换操作,恢复原样。

如果不希望源文件的改动影响 Photoshop 中的智能对象,可以选择"文件 | 打包"命令,将智能对象中的文件保存到计算机的新文件夹中。

选择"图层 | 智能对象 | 栅格化"命令,可以将智能对象转换为普通图层。

3.3.5 课堂案例：修正照片曝光过度问题

■ 案例位置：案例与素材 \3\3.3.5\demo.psd
■ 素材位置：案例与素材 \3\3.3.5\1.jpg

本案例主要使用调整图层，利用"曲线"命令修正照片曝光过度问题。

【操作步骤】

步骤 01 打开素材文件（1.jpg），选择"窗口|直方图"命令，打开"直方图"面板。在面板菜单中选择"扩展"视图，仔细分析图像中每个像素的色调质量，发现色彩总体偏亮，属于典型的曝光过度问题，如图3.33所示。

步骤 02 在"图层"面板中按Ctrl+J组合键备份原图像。选择"图层|新建调整图层|曲线"命令，打开"新建图层"对话框。保持默认设置，单击"确定"按钮，打开"属性"面板，同时在"图层"面板中建立一个调整图层。

步骤 03 在"属性"面板中向下拖动曲线，降低高亮区间色彩亮度。拖动过程中注意观察直方图的变化，确保平均值在150左右，标准偏差小于80，中间值在150左右，调整效果如图3.34所示。

图3.33 分析原图色调质量　　　　图3.34 降低高亮区间色彩亮度

步骤 04 降低了照片整体曝光度后，人物显得有点暗，影响了照片质量。因此，需要在蒙版图层中遮盖住人物区域（操作方法可参考3.3.2小节的案例3），最后调整效果如图3.35所示。

（a）在蒙版中遮盖住人物　　　　（b）照片主体避免被曲线干扰

图3.35 应用调整图层后的效果

3.4　图层样式和图层混合模式

Photoshop 提供了多种图层样式，如发光、阴影、光泽等，另外还提供了图层混合模式。灵活运用这些图层样式和图层混合模式，不仅能为作品增色，还可以节省时间。

3.4.1　添加图层样式

【案例】使用图层样式。新建文档（默认大小），使用"文字工具"输入文字"样式"，字体为华文隶书，大小为100点。选中要应用图层样式的文字图层。注意，图层样式不能应用于背景图层和图层组。

选择"图层|图层样式"命令，在该子菜单中选择一种图层样式，如"投影"样式。打开"图层样式"对话框，在此对话框中设置各参数，然后单击"确定"按钮即可，如图3.36所示。

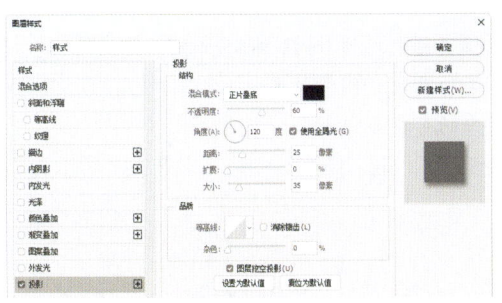

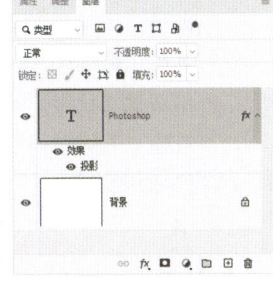

(a) 设置参数　　　　(b) 投影效果　　　　(c) 应用图层样式

图3.36　设置投影样式

▶ 提示

添加图层样式之后，在"图层"面板中将显示代表图层样式的图标 *fx*。图层样式与文本图层一样具有可修改的特点，因此使用起来非常方便，可以反复修改图层样式。只要双击图层样式图标 *fx* 或双击"图层"面板中的图层样式，即可打开"图层样式"对话框并重设图层样式。

▶ 试一试

如果要在同一个图层中应用多个图层样式，可以打开"图层样式"对话框，在对话框左侧的列表中选择要应用的效果。此时，在其右侧将显示与此图层样式相关的选项设置。完成这些选项的设置后单击"确定"按钮即可。

▶ 技巧

在打开"图层样式"对话框时，如果按住 Alt 键，则"取消"按钮变为"复位"按钮，单击此按钮可以恢复至刚打开对话框时的设置。

3.4.2 图层样式类型

1. 阴影

阴影效果比较常用，无论是文字、按钮、边框还是一个物体，如果加上一个阴影，就会产生层次感，为图像增色。因此，无论是在图书封面上还是在报刊、海报上，都经常会看到具有阴影效果的文字。

阴影包括投影和内阴影。投影是在图层对象背后产生阴影；内阴影是紧靠在图层内容的内边缘添加阴影，使图层具有凹陷外观。这两种图层样式只是产生的图像效果不同，其参数选项是一样的。主要选项说明如下。

- 混合模式：设置阴影的图层混合模式。
- 不透明度：设置阴影的不透明度，值越大阴影颜色越深。
- 角度：设置光线照射的角度，阴影方向会随光照角度的变化而发生变化。
- 距离：设置阴影的距离，值越大距离越远。
- 扩展：设置光线的强度，值越大投影效果越强烈。
- 大小：设置阴影柔化效果，值越大柔化程度越大。为 0 时，将不产生任何效果。
- 品质：通过设置"等高线"和"杂色"选项来改变阴影效果。
- 图层挖空投影：控制投影在半透明图层中的可视性或闭合。

若勾选"消除锯齿"复选框，则可以使轮廓更平滑，不会产生锯齿。图 3.37 所示为不同设置下的阴影效果。

(a) 内阴影效果　　(b) 设置等高线后的投影效果　　(c) 设置杂色（50%）后的投影效果

图 3.37　不同设置下的阴影效果

2. 发光

发光包括外发光和内发光，如图 3.38 所示。

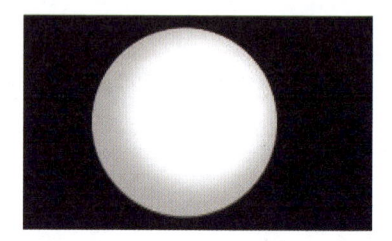

(a) 文字外发光效果　　(b) 物体内部发光效果

图 3.38　各种发光效果

> **技巧**
>
> 在制作发光效果时,如果发光物体或文字的颜色较深,则发光颜色应选择较明亮的颜色。反之,如果发光物体或文字的颜色较浅,则发光颜色必须选择偏暗的颜色。也就是说,发光物体的颜色与发光颜色需要有一个较强的反差,才能突出发光的效果。

3. 斜面和浮雕

斜面和浮雕样式可以制作立体感的文字,其参数设置如图3.39所示。主要设置步骤如下。

步骤 01 选择一种样式,通过"样式"选项定义浮雕的样式类型。

- 外斜面:可以在图层内容的外边缘产生一种斜面的光线照明效果。此效果类似于投影效果,只不过在图像两侧都有光线照明效果。
- 内斜面:可以在图层内容的内边缘产生一种斜面的光线照明效果。此效果类似于内投影效果。
- 浮雕效果:创建图层内容相对其下面的图层凸出的效果。
- 枕状浮雕:创建图层内容的边缘陷进其下面的图层的效果。
- 描边浮雕:创建边缘浮雕效果。

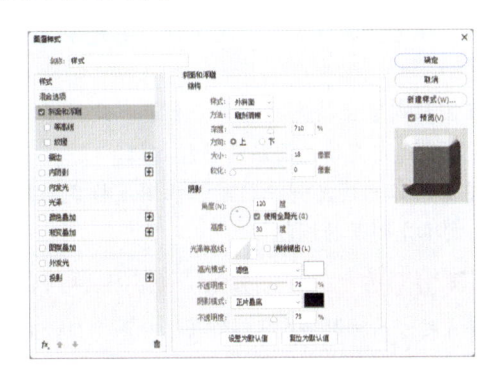

图3.39 斜面和浮雕样式的参数设置

步骤 02 选择一种方法,通过"方法"选项设置斜面表现方式。

- 平滑:斜面比较平滑。
- 雕刻清晰:产生一个较生硬的平面效果。
- 雕刻柔和:产生一个柔和的平面效果。

步骤 03 设置斜面的深度、作用范围、柔和程度,以及斜面的亮部是在图层上方还是下方。

步骤 04 在"阴影"选项组中设置阴影的角度、高度、光线轮廓,以及斜面阴影的高光和暗调模式的不透明度。

步骤 05 设置完毕,单击"确定"按钮即可完成斜面和浮雕效果的制作,设置效果如图3.40所示。

(a) 外斜面效果　　(b) 内斜面效果　　(c) 浮雕效果　　(d) 枕状浮雕效果

图3.40 斜面和浮雕效果

4. 光泽

在图层内部根据图层的形状应用阴影创建出光滑的磨光效果，如图 3.41 所示。

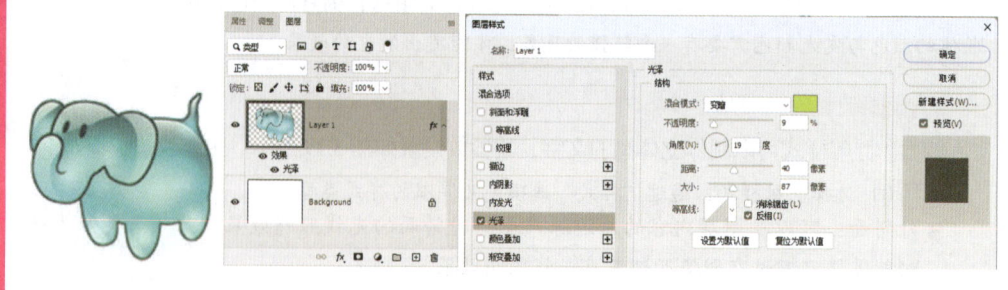

图 3.41　光泽效果

5. 叠加

叠加包括纯色叠加、渐变色叠加和图案叠加。

- 纯色叠加可以在图层内容上填充一种纯色，与使用"填充"命令相同，与建立一个纯色填充图层类似。纯色叠加样式比上述两种方法更方便，因为可以随意更改已填充的颜色。
- 渐变色叠加可以在图层内容上填充一种渐变颜色。此图层样式与在图层中填充渐变颜色的功能相同，与创建渐变填充图层的功能相似。
- 图案叠加可以在图层内容上填充一种图案。此图层样式与使用"填充"命令填充图案相同，与创建图案填充图层功能相似。

▶ 注意

使用上述几种图层样式时，只对图层内容起作用，从而产生一种填充效果，而对图层中的透明部分不起作用，透明部分仍显示为透明。因此，对于一个没有内容的图层，不适用这些图层样式。

6. 描边

描边会在图层内容边缘产生一种描边效果。类似于"描边"命令，但描边样式可以修改，因此使用起来更方便。

3.4.3　编辑图层样式

图层样式制作简单，也允许反复修改。

1. 复制图层样式

【操作方法】右击包含图层样式的图层，在弹出的快捷菜单中选择"拷贝图层样式"命令；右击需要复制的图层，从弹出的快捷菜单中选择"粘贴图层样式"命令即可。

▶ 注意

与复制图层不同，复制图层样式仅复制图层样式的参数设置，并不是将图层完全复制。

2. 删除图层样式

【操作方法】选中不要的图层样式图层，然后选择"图层 | 图层样式 | 清除图层样式"命令。

如果既不想删除图层样式，又不想应用图层样式，可以单击该图层样式左侧的眼睛图标，将该图层样式隐藏。

▶ 试一试

选择"窗口 | 样式"命令，打开"样式"面板。其中，Photoshop 提供了很多样式，利用该面板也可以导入外部样式。

【案例】新建一幅图像，使用"椭圆工具"绘制一个椭圆形，选中要应用样式的图层。在"样式"面板中选择并单击要应用的样式缩览图，即可将样式应用到图层中，如图 3.42 所示。

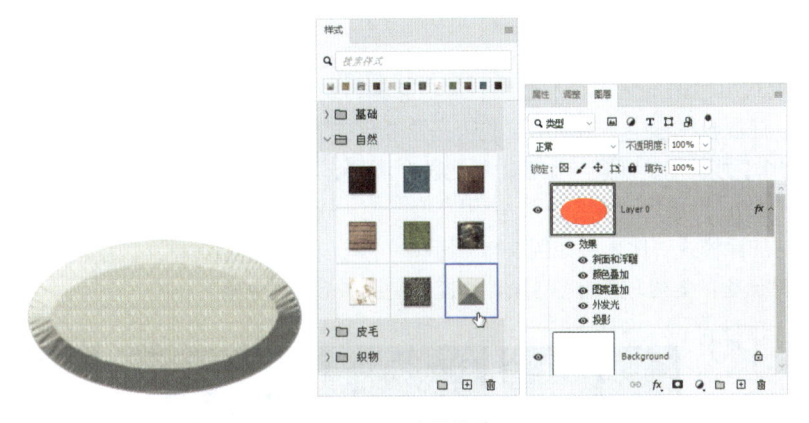

图 3.42　应用样式

▶ 注意

将新样式应用到一个已应用了样式的图层中时，新样式中的效果将替代原有样式中的效果。如果按 Shift 键，将新样式拖曳至已应用了样式的图层中时，则可将新样式中的效果添加到图层中，并保留原有样式的效果。

3.4.4　混合模式

混合模式用于控制相同位置的上一层像素如何与下一层像素结合，从而产生不同的混合效果。Photoshop 提供了 27 种混合模式供用户选择应用，如图 3.43 所示，简单归纳如下。

1. 组合模式组

组合模式组包括正常和溶解。该组混合模式需要降低图层的不透明度或填充值才能起作用。这两个参数的值越低，越能看清下面的图像。其中，溶解模式会随机替换像素，产生沙画效果，如图 3.44 所示。

图3.43　混合模式列表　　　　　图3.44　溶解模式

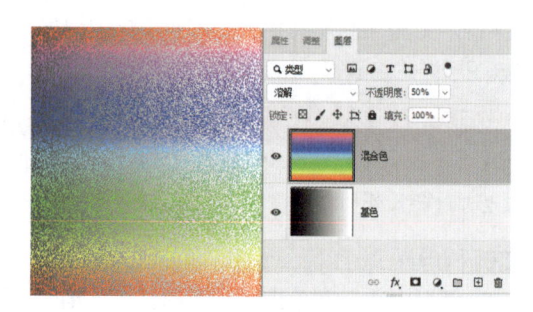

2. 加深模式组

加深模式组包括变暗、正片叠底、颜色加深、线性加深和深色。该组混合模式可以使图像变暗。在混合过程中，当前图层的较亮像素会被下层较暗的像素替代。

【案例1】为了方便观察与比较，新建两个图层，下层为"基色"，应用灰度渐变（从左到右由黑到白）；上层为"混合色"，应用灰度渐变（从上到下由黑到白），然后调整混合色的混合模式。加深模式对比效果如图3.45所示。

素材位置：案例与素材\3\3.4.4\ 灰度渐变图（无色调分离）.psd。

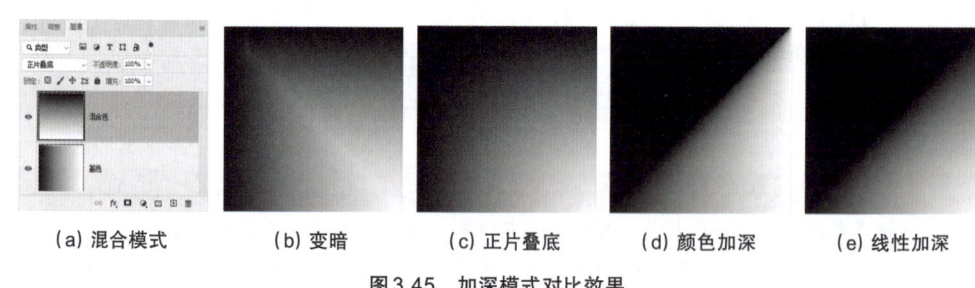

(a) 混合模式　　(b) 变暗　　(c) 正片叠底　　(d) 颜色加深　　(e) 线性加深

图3.45　加深模式对比效果

3. 减淡模式组

减淡模式组包括变亮、滤色、颜色减淡、线性减淡（添加）和浅色。该组与加深模式组产生的混合效果完全相反，可以使图像变亮。在混合过程中，图像中的较暗像素会被较亮的像素替换，而任何比黑色亮的像素都可能增亮下层图像。减淡模式对比效果如图3.46所示。

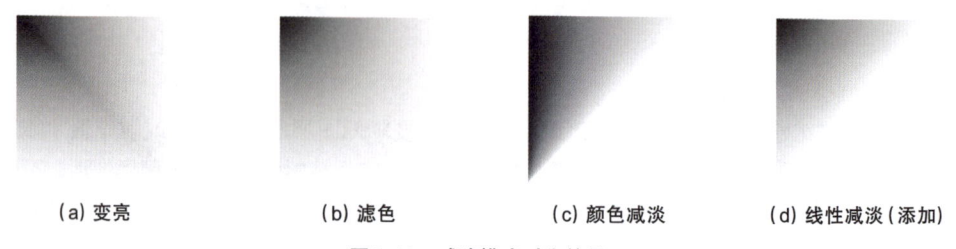

(a) 变亮　　(b) 滤色　　(c) 颜色减淡　　(d) 线性减淡（添加）

图3.46　减淡模式对比效果

4. 对比模式组

对比模式组包括叠加、柔光、强光、亮光、线性光、点光和实色混合。该组混合模式可以加大图像的差异。在混合时，50%的灰色会完全消失，任何亮度值高于50%灰色的像素都可能增亮下层图像，亮度值低于50%灰色的像素则可能使下层图像变暗。对比模式对比效果如图3.47所示。

5. 比较模式组

比较模式组包括差值、排除、减去和划分。该组混合模式可以比较当前图像与下层图像，将相同的区域显示为黑色，将不同的区域显示为灰色或彩色。如果当前图层中包括白色，那么白色区域会使下层图像反相，而黑色不会对下层图像产生影响。比较模式对比效果如图3.48所示。

(a) 叠加　　(b) 柔光　　(c) 强光　　(d) 亮光

(e) 线性光　　(f) 点光　　(g) 实色混合

图3.47　对比模式对比效果

(a) 差值　　(b) 排除　　(c) 减去　　(d) 划分

图3.48　比较模式对比效果

6. 色彩模式组

色彩模式组包括色相、饱和度、颜色和明度。该组混合模式会将色彩分为色相、饱和度和亮度三种要素，然后将其中的一种或两种应用在混合后的图像中。

【案例2】为了方便观察与比较，新建两个图层，下层为"基色"，应用七彩渐变（从上到下由七种基色渐变）；上层为"混合图像"，然后调整上层混合模式。色彩模式对比效果如

图 3.49 所示。

■素材位置：案例与素材 \3\3.4.4\ 色彩模式组 .psd。

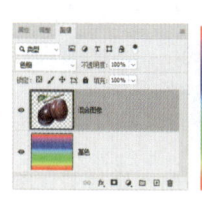

(a) 混合模式　　(b) 色相　　(c) 饱和度　　(d) 颜色　　(e) 明度

图 3.49　色彩模式对比效果

3.4.5　课堂案例：使用混合模式为照片校色

【案例 1】使用色相混合模式快速纠正照片的色偏问题。

■案例位置：案例与素材 \3\3.4.5\demo1.psd
■素材位置：案例与素材 \3\3.4.5\1.jpg

色相混合模式是用下层图像的明亮度和饱和度以及上层图像的色相创建混合色。

扫一扫，看视频

✂【操作步骤】

步骤 01　打开素材文件（1.jpg），观察照片原图，可以看到原画面色偏严重。要纠正暖色色偏，需要选用偏冷色进行混合。有了初步思路之后，新建混合图层，使用浅蓝色填充（#5a8ec5），设置混合模式为"色相"，不透明度为 25%，如图 3.50 所示。

(a) 照片原图　　　　　　　　　(b) 色相混合

图 3.50　新建混合图层

步骤 02　初步纠正了色偏之后，画面略暗。新建色阶调整图层，调整灰阶分布，增强画面对比度。设置与效果如图 3.51 所示。

56

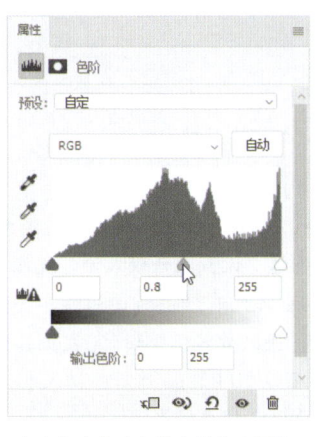

(a) 向右拖曳色阶中的灰度滑块 　　　　　　(b) 调整的效果

图3.51　使用色相纠正色偏

【案例2】使用饱和度混合模式快速恢复自然肤色。

■案例位置：案例与素材\3\3.4.5\demo2.psd

■素材位置：案例与素材\3\3.4.5\2.jpg

饱和度混合模式是用下层图像的明亮度和色相以及上层图像的饱和度创建混合色。简单来讲，该模式用于调整下层图像的饱和度，上层图像只有饱和度会对下层图像产生影响。这种模式实际应用比较少，多用于人像肤色的调整。

步骤 01 打开素材文件（2.jpg），仔细观察照片原图，由于受强光影响，人物皮肤呈金黄色偏亮。要纠正肤色，可以考虑使用饱和度混合纠正。新建混合图层，使用深铜色填充（#573122），设置混合模式为"饱和度"，不透明度为50%。

步骤 02 为了避免混合模式对背景的干扰，在"图层"面板底部单击"添加图层蒙版"按钮（ ■ ），为混合色图层添加蒙版。双击蒙版缩览图，进入蒙版编辑模式，使用"对象选择工具"选择人物，将背景遮盖起来（操作方法可参考3.3.2小节中的案例3），效果如图3.52所示。

(a) 照片原图 　　　　　　　　　　(b) 饱和度混合

图3.52　恢复肤色效果

【案例3】使用滤色混合模式调亮背景。

▨案例位置：案例与素材\3\3.4.5\demo3.psd

▨素材位置：案例与素材\3\3.4.5\3.jpg

滤色混合的结果色总显示较亮的颜色。

步骤01 打开素材文件（3.jpg），简单判断这张照片应该是夜景拍摄，或者是早晚光线很弱时抓拍。要提升其亮度，可以考虑使用"调色"命令，但是为了避免破坏照片质量，这里使用滤色混合模式来调亮背景。按Ctrl+J组合键复制背景图像，设置混合模式为"滤色"。

步骤02 为了避免滤色混合模式对人物的完全破坏，在"图层"面板底部单击"添加图层蒙版"按钮（▢），为混合色图层添加蒙版。双击蒙版缩览图，进入蒙版编辑模式，在工具箱中选择"对象选择工具"（▢），在选项栏中选择模式为"从选区减去"（▢）。然后选择人物，在蒙版缩览图中可以看到人物被黑色覆盖，即遮盖人物区域，避免混合模式的影响。

步骤03 在"图层"面板中按住Alt键，单击蒙版缩览图，在图像窗口中显示蒙版灰度图。使用"魔棒工具"选择黑色区域，然后使用灰色（#aaaaaa）填充人物区域，半遮盖人物，即让滤色混合模式轻微影响人物，而不是完全影响。最后单击图像缩览图，在图像窗口中返回图像编辑状态，最终效果如图3.53所示。

(a) 照片原图　　　　　　　(b) 滤色混合

图3.53　调亮背景效果

3.5　本章小结

本章从认识"图层"面板开始，了解"图层"面板的基本操作，包括建立、复制、移动和删除图层的方法，调整图层叠放次序，设置图层的链接，以及合并、对齐与分布图层的使用等。接着介绍了各种类型的图层，包括普通图层、背景图层、调整图层和填充图层等。最后讲解了图层样式和图层混合模式。通过本章的学习，读者可以学会创建和使用图层，了解各种类型图层的特点，熟悉在对图像进行处理时，图层的重要性和使用的普遍性，从而更有效地编辑和处理图像。

3.6 课后习题

1. 填空题

（1）选择一种填充图层的类型后，Photoshop 会根据所选的填充图层类型的不同，分别出现 _____、_____、_____ 三种方式。
（2）_____ 图层是一个不透明的图层，不能对它设置不透明度和混合模式。
（3）调整图层是一种比较特殊的图层，主要用来控制 _____ 和 _____ 的调整。
（4）要删除图层组，可以选择"图层"菜单中 _____ 子菜单中的 _____ 命令。
（5）按 _____ 键可以将上一图层与下一图层进行合并；按 _____ 键可以将图层下移。
（6）阴影效果分为 _____ 和 _____ 两种，发光效果也分为 _____ 和 _____ 两种。

2. 选择题

（1）当图层中出现 图标时，表示该图层 _____。
　　A. 已被锁定　　　　　　　　B. 与上一图层链接
　　C. 与下一图层编组　　　　　D. 以上都不对
（2）要对图层进行对齐操作，在此之前必须先选中 _____ 个或 _____ 个以上的图层；要对图层进行分布操作，则必须先选中 _____ 个或 _____ 个以上的图层链接。
　　A. 3，2，2，3　　　　　　　B. 3，2，3，2
　　C. 3，3，2，2　　　　　　　D. 2，2，3，3
（3）要将一个图层调到最顶层，可以按 _____ 键。
　　A. Ctrl+]　　　　　　　　　B. Ctrl+[
　　C. Ctrl+Shift+]　　　　　　D. Ctrl+Shift+[
（4）要将当前图层与下一图层合并，可以按 _____ 键。
　　A. Ctrl+E　　　　　　　　　B. Ctrl+G
　　C. Ctrl+Shift+E　　　　　　D. Ctrl+Shift+G
（5）当图层中出现 fx 图标时，表示该图层 _____。
　　A. 是一个填充图层　　　　　B. 设有图层样式
　　C. 是一个调整图层　　　　　D. 已被锁定
（6）在"图层样式"对话框中，如果按 _____ 键，则"取消"按钮变为"复位"按钮。
　　A. Ctrl　　　　　　　　　　B. Ctrl+J
　　C. Shift+Alt　　　　　　　 D. Alt

3. 判断题

（1）按 Ctrl+Shift+N 组合键，可以打开"新建图层"对话框。　　　　　　　　（　　）
（2）背景图层的图层名称始终以"背景"为名，位置在"图层"面板的最底层。（　　）
（3）填充图层和调整图层都会破坏原图像的像素。　　　　　　　　　　　　（　　）
（4）在"图层"面板中单击要重命名的图层名称，即可输入新名称。　　　　（　　）
（5）选中要删除的图层，然后将该图层拖到"创建新图层"按钮（ ）上，可以删除图层。
　　　　　　　　　　　　　　　　　　　　　　　　　　　　　　　　　　（　　）
（6）可以将复制后的图层样式粘贴到其他图层中。　　　　　　　　　　　　（　　）

4. 简答题

（1）图层的优点是什么？Photoshop 中的常用图层有哪几种？
（2）调整图层有什么特点？
（3）图层组的功能是什么？

5. 上机练习

（1）打开练习素材（位置：案例与素材 \3\ 上机练习素材 \1.jpg），思考如何使用调整图层改善照片的清晰度，调整前后的效果如图 3.54 所示。

(a) 原图　　　　　　　　(b) 效果图

图 3.54　练习效果（1）

（2）打开练习素材（位置：案例与素材 \3\ 上机练习素材 \2.png、3.png），利用 Photoshop 的图像合成技术，灵活使用调整图层、文字图层、图层样式和图层混合模式，设计如图 3.55（b）所示的效果。

(a) 原图　　　　　　　　(b) 效果图

图 3.55　练习效果（2）

（3）打开练习素材（位置：案例与素材 \3\ 上机练习素材 \4.png），使用 Photoshop 抠出主人公（抠图技术可参考 4.4.1 小节的讲解），然后利用图层技术为其设计一个倒影，效果如图 3.56 所示。

(a) 原图　　　　　　　　(b) 效果图

图 3.56　练习效果（3）

选 区

第 4 章

📢 学习目标

- 灵活使用选框工具和套索工具。
- 正确使用自动选择工具。
- 能够使用各种命令自由控制选区。
- 了解选区、蒙版与通道之间的关系。

在 Photoshop 中不管是执行高级命令（如滤镜、调色等），还是进行简单的图像编辑（如复制、粘贴等），都需要先指定操作范围。这个范围称为选区，图像操作只对选区内的像素有效，而对选区外的像素不起作用。因此选区的精度将直接影响到图像处理的质量。

4.1　创建选区

创建选区的方法有很多种，简单概括如下。
- 使用工具箱中的工具。工具箱中包括三组工具：选框工具（▭）、套索工具（○）和自动选择工具（▨）。
- 使用菜单命令。在"选择"菜单中提供了一套智能命令，能够快速、精确地创建选区。
- 通过"图层""通道""路径"面板创建选区。

本章主要介绍创建选区的一般方法，以及如何控制选区范围。关于使用"图层""通道"和"路径"面板选区的内容将在后面章节中详述。

4.2　选框工具组

选框工具组包括矩形选框工具（▭）、椭圆选框工具（○）、单行选框工具（┅）和单列选框工具（┃）。选框工具可以选择四种形状的范围：矩形、椭圆、单行（1像素高水平线）和单列（1像素宽垂直线）。

扫一扫，看视频

4.2.1　熟悉选框工具

【操作方法】①在工具箱中选择一种形状的选框工具；②根据需要在选项栏中设置选项，或者保持默认；③移动鼠标指针至图像窗口中，拖动创建选区。

选框工具的选项设置基本相同，如图4.1所示。对于任何Photoshop工具和面板而言，每次设置的选项值都会自动保存。因此，如果曾修改过默认值，则再次使用时需要注意选项设置已变更。

图 4.1　"矩形选框工具"选项栏

"矩形选框工具"选项栏中各选项具体说明如下。

- 新选区（▭）：单击该按钮，可以创建一个新选区，如图4.2所示。如果已经存在选区，则原选区被取消，新选区被保留。
- 添加到选区（▣）：单击该按钮，可以创建一个新选区。如果已经存在选区，则新选区将添加到原选区中，实现选区并集，如图4.3所示。在其他模式下，按住Shift键拖选，可以实现相同的操作。
- 从选区减去（▣）：单击该按钮，可以创建一个新选区。如果已经存在选区，则发生重叠时，将从原选区中减去新选区的区域，实现选区差集，如图4.4所示；如果没有发生重叠，则仅保留原选区。在其他模式下，按住Alt键拖选，可以实现相同的操作。

图 4.2　创建新选区　　　　　　　　图 4.3　添加到选区

- 与选区交叉（🔲）：单击该按钮，可以创建一个新选区。如果已经存在选区，则将保留原选区与新选区重叠的区域，实现选区交集，如图 4.5 所示；如果没有发生重叠，则提示没有选区。在其他模式下，按住 Shift+Alt 组合键拖选，可以实现相同的操作。

图 4.4　从选区减去　　　　　　　　图 4.5　与选区交叉

▶ 提示

在操作过程中，若要取消选区，可以选择"选择|取消选择"命令，或按 Ctrl+D 组合键。

- 羽化：使选区内外衔接部分虚化，有助于选区与周围的像素进行混合，从而达到自然衔接的效果。羽化值越大，虚化范围越宽，颜色渐变就越柔和；羽化值越小，虚化范围越窄，颜色渐变就越突然，如图 4.6 所示。应先设置羽化值，再创建选区。

(a) 0 像素　　　　(b) 10 像素　　　　(c) 50 像素

图 4.6　不同羽化值的选区

- 消除锯齿：当选择"椭圆选框工具"或者选框工具组以外的其他选框工具时，选项栏中会显示该复选框。勾选该复选框，可以消除选区边缘部分粗糙的像素，使边缘看起来更平滑。如果不勾选，选区边缘就会很生硬。图4.7所示为未消除锯齿、消除锯齿及放大描边选区后的对比效果。

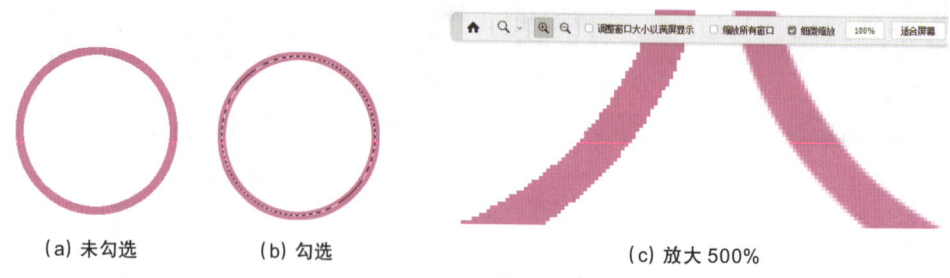

(a) 未勾选　　(b) 勾选　　(c) 放大500%

图4.7　未消除锯齿、消除锯齿及放大描边选区后的对比效果

▶ 提示

　　位图图像由像素点组合而成，而像素点实际上是正方形的色块。如果在图像中有斜线或圆弧的部分，就容易产生锯齿状的边缘。分辨率越低，锯齿就越明显。勾选"消除锯齿"复选框后，Photoshop会在锯齿之间填入介于边缘色与背景色的中间色，使锯齿的硬边变得较为平滑。因此，肉眼就不易看出有锯齿的感觉，从而使画面看起来更为平滑。

- 样式：适用于"矩形选框工具"和"椭圆选框工具"，包括3个选项。其中，选择"正常"选项（默认），可以绘制任意大小的矩形选区或椭圆形选区。选择"固定比例"选项，可以在后面的参数选项中设置选区宽和高的比值，默认值为1∶1。如果设置宽和高的比值为2∶1，则绘制的矩形选区的宽是高的两倍，而椭圆形选区的长轴是短轴的两倍。单击"高度和宽度互换"按钮（⇌），可以互换高度和宽度的值。选择"固定大小"选项，选区大小由"宽度"和"高度"文本框中输入的值决定，此时在图像窗口内单击即可绘制指定大小的选区。

▶ 技巧

　　按Shift键，然后使用"矩形选框工具"或"椭圆选框工具"拖动鼠标，可以选取一个正方形或圆形的区域。按Alt键拖动，可以选取一个以起点为中心的矩形或椭圆形选区。按Alt+Shift组合键拖动，可以选取一个以起点为中心的正方形或圆形选区。

- 选择并遮住：单击该按钮，可以将图像编辑窗口切换为选择并遮住窗口。在该窗口下可以创建选区或者对初始选区进行二次调整。

4.2.2　课堂案例：使用"椭圆选框工具"进行抠图

　　■案例位置：案例与素材\4\4.2.2\demo.psd
　　■素材位置：案例与素材\4\4.2.2\1.png、2.png
　　本案例主要利用"椭圆选框工具"，结合"选择并遮住"按钮，实现快速抠图并替换背景。

【操作步骤】

步骤 01 打开素材文件（1.png），在工具箱中选择"椭圆选框工具"，准备创建初始选区。在选项栏中单击"新选区"按钮，设置"羽化"为 0 像素，勾选"清除锯齿"复选框，样式为"正常"。然后按住 Shift+Alt 组合键，以花朵中心为起点向外拖选主体区域，如图 4.8 所示。

步骤 02 在选项栏中单击"选择并遮住"按钮，图像编辑窗口切换为选择并遮住窗口，同时打开一个包含多种工具的工具箱（左侧），以及"属性"面板（右侧）。

步骤 03 在"属性"面板中将"视图"模式设置为"叠加"（ ），这样更容易评估选区边缘和查看需要改进的部分，半透明红色覆盖区域（蒙版）为非选取范围。其他设置保持默认。

步骤 04 在左侧工具箱中选择"对象选择工具"（ ），移动鼠标光标到花朵区域内，可以观察到花朵区域处于高亮状态，并显示加粗描边效果，如图 4.9 所示。

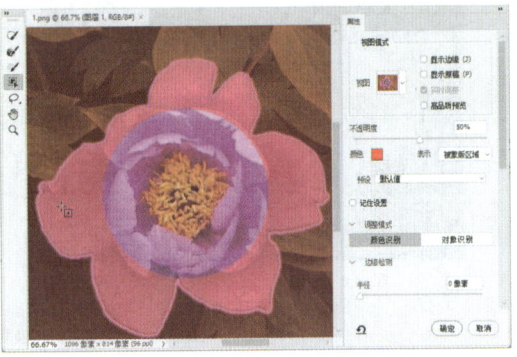

图 4.8 拖选花朵主体区域　　　　图 4.9 选择花朵对象

步骤 05 调整到满意的状态后单击确定选取范围，如图 4.10 所示。此时，可以进一步对选区进行调整。

步骤 06 在"属性"面板底部单击"确定"按钮，或者直接按 Enter 键，完成选区的调整，如图 4.11 所示。

图 4.10 蒙版选区　　　　图 4.11 调整选区效果

步骤 07 选择"选择|修改|羽化"命令，打开"羽化选区"对话框。羽化选区 5 像素，目的是让抠图与新背景融合得更自然。

> ▶ 注意
>
> 在工具的选项栏中，不管是设定消除锯齿功能，还是设定羽化功能，都必须在选取范围之前设定，否则无效。而利用菜单命令设定选区的羽化功能，可以在选取范围之后设定。若选取范围已经具有羽化功能，则使用菜单命令再次设定时，选区羽化值等于原羽化值加上再次羽化值。

步骤 08 按 Ctrl+C 组合键复制选取的图像，打开新的素材文件（2.png），按 Ctrl+V 组合键粘贴图像。再按 Ctrl+T 组合键酌情调整图像大小，并拖曳到合适的位置，满意后按 Enter 键确定即可，效果如图 4.12 所示。按住 Alt 键不放，使用鼠标拖曳调整大小时可以确保等比缩放。

(a) 原图　　　　　　　　　　(b) 效果图

图 4.12　抠图并替换背景前后效果对比

4.3　套索工具组

套索也是一类常用的选取工具，主要用于选取一些不规则形状的范围。套索工具组包括套索工具（ ）、多边形套索工具（ ）和磁性套索工具（ ）。

4.3.1　套索工具

使用"套索工具"（ ）可以选取任意形状的区域，类似使用画笔绘制选区。优点：使用方便、灵活；缺点：不精确，手动操作费时费力。适用场景：对初始选区进行局部增删，或者选取精度不高的对象。

> 【操作方法】①在工具箱中选择"套索工具"，移动鼠标指针到图像窗口中；②单击定义起点，然后按住鼠标左键不放，拖动鼠标绘制选区；③当释放鼠标时，选区起点与终点会自动闭合，形成一个完整选区，如图 4.13 所示。

> ▶ 技巧
>
> 在使用"套索工具"创建选区的过程中，按住 Alt 键不放，松开鼠标左键，Photoshop 会自动把"套索工具"切换为"多边形套索工具"，然后使用"多边形套索工具"继续创建选区。

(a)单击定义起点,按住鼠标左键并拖动　　　(b)释放鼠标完成绘制

图 4.13　使用"套索工具"创建选区

4.3.2　多边形套索工具

使用"多边形套索工具"（☒）可以选择多边形区域,如三角形、梯形和五角星等。优点：使用简单、方便；缺点：不精确,手动操作慢。适用场景：选取边缘平直、有棱角的对象。

扫一扫，看视频

【操作方法】①在工具箱中选择"多边形套索工具",移动鼠标指针到图像窗口中；②单击定义起点；③移动鼠标到另一个点,再次单击定义下一个点,Photoshop 会自动将两点连接起来,以此类推；④在终点位置双击,或者在起点处单击,自动闭合起点与终点,形成一个完整选区。

【案例】本案例演示使用"多边形套索工具"选取笔记本屏幕区域,然后使用新风景图替换屏幕背景,如图 4.14 所示。

▨素材位置：案例与素材 \4\4.3.2\1.png、2.png、demo.psd。

(a)选取屏幕区域　　　　　　　　(b)替换屏幕背景

图 4.14　使用"多边形套索工具"

▶ 技巧

在使用"多边形套索工具"时,若按下 Shift 键,则可按水平、垂直或 45°角的方向绘制线段。若按下 Alt 键,则可切换为"套索工具",按住鼠标左键可以自由绘制曲线。若按一下 Delete 键,则可删除最近绘制的线段。若按住 Delete 键不放,则可删除所有绘制的线段。若按一下 Esc 键,则可取消选择操作。

4.3.3 磁性套索工具

"磁性套索工具"（ ）是"套索工具"的增强版，能够自动识别对象的边界，可以半自动绘制选区。优点：使用快速、灵活；缺点：半手动操作、费时、不标准。适用场景：选取对象与背景色彩对比强烈的范围。

【操作方法】①在工具箱中选择"磁性套索工具"，移动鼠标指针到图像窗口中；②单击定义起点，拖动鼠标自动绘制选区，或者主动单击定义节点；③在终点位置双击，或者在起点处单击，自动闭合起点与终点，形成一个完整选区。

在"磁性套索工具"的选项栏中有4个个性选项，说明如下。

- 宽度：设置边缘要检测的宽度，取值范围为1～256像素。值越小，检测的像素数越少，选取精度就越高。操作建议：边缘清晰，可以设置大值；边缘模糊，可以设置小值。设置不同的宽度所产生的精度对比如图4.15所示。

(a) 宽度为1像素　　(b) 宽度为256像素

图4.15　设置不同的宽度所产生的精度对比

> ▶ 提示
>
> 在操作时，如果按下CapsLock键，则鼠标指针会变成 ⊕ 形状，圆形的半径等于宽度值，这样可以边拖动鼠标边直观地查看所检测的宽度。

- 对比度：设置感应边缘的灵敏度，取值范围为1%～100%。值越大，灵敏度越高，选取的范围越精确。操作建议：如果对象的边缘比较清晰，则值可以设置得大一些；如果边缘比较模糊，则值可以设置得小一些。
- 频率：设置选取时的定点数。在选取路径中会自动产生很多节点，这些节点起到定位的作用。如果在选取时单击也可以主动产生一个节点。取值范围为0～100。值越大，产生的节点就越多，边缘选取也越精确，如图4.16所示。
- 使用绘图板压力以更改钢笔宽度（ ）：用于设定绘图板的钢笔压力。该选项只有安装了绘图板及其驱动程序时才有效。

> ▶ 技巧
>
> 在选取过程中，若按下Alt键，单击可切换为"多边形套索工具"，这时可以选择棱角边缘；松开Alt键，再次单击可切换为"磁性套索工具"，拖动可以选择曲线边缘。另外，按一下Delete键可以删除一个节点，按一下Esc键可取消当前选定内容。

(a) 频率为 1　　　　　　　　　　(b) 频率为 100

图 4.16　设置不同的频率所产生的定点数对比

4.3.4　课堂案例：使用"磁性套索工具"消除黑眼圈

■ 案例位置：案例与素材 \4\4.3.4\demo.psd
■ 素材位置：案例与素材 \4\4.3.4\1.jpg

本案例主要使用"磁性套索工具"，采用挖补的方法清除人物的黑眼圈，使眼睛看起来更精神。

【操作步骤】

步骤 01　打开素材文件（1.jpg），按 Ctrl+"+"组合键放大图像，在工具箱中选择"磁性套索工具"，准备选择黑眼圈区域。观察眼部区域色差较小，边缘不清晰，因此在工具选项栏中设置"羽化"为 5 像素，"宽度"为 2 像素，"对比度"为 10%，"频率"为 100。选择区域不宜过大，否则会影响融合效果，如图 4.17 所示。

步骤 02　按下方向键，或者移动鼠标指针到选区闪烁线上，当指针变为形状时，按住鼠标向下拖动。建议就近复制，不可隔离太远，否则肤色差异过大，融合效果不理想，如图 4.18 所示。

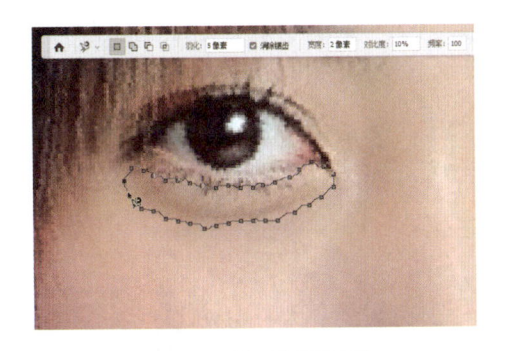

图 4.17　选择黑眼圈区域 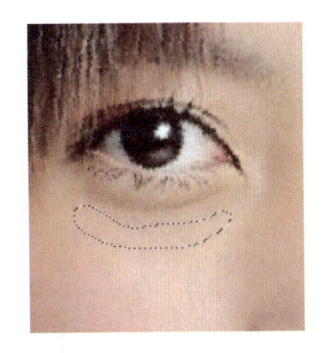　　　　　　图 4.18　移动选区

步骤 03　按 Ctrl+C 组合键复制完好皮肤，再按 Ctrl+V 组合键粘贴皮肤，创建"图层 1"。

步骤 04　向上拖动新皮肤，覆盖黑眼圈区域，在"图层"面板中设置"图层 1"的不透明度为 70%，使上下图层相互融合。

步骤 05 使用"修复画笔工具",按住 Alt 键单击痕迹的边缘进行采样。然后移动鼠标指针到痕迹上,按住鼠标左键拖曳,适当擦拭眼睛的边沿痕迹,让覆盖的皮肤显得更自然。操作前后对比效果如图 4.19 所示。提示:"修复画笔工具"的用法可参考 7.1.1 小节内容。

(a) 操作前　　　　　　　　(b) 操作后

图 4.19　消除黑眼圈

4.4　自动选择工具组

自动选择工具能够快速、精确选取对象。该工具组包括对象选择工具（ ）、快速选择工具（ ）和魔棒工具（ ）。

4.4.1　对象选择工具

使用"对象选择工具"可以快速地选择图像中的对象,完成一键抠图,避免周围背景的干扰。

【操作方法】①从工具箱中选择"对象选择工具"（ ）,在选项栏中勾选"对象查找程序"复选框;②将鼠标指针悬停在图像中要选择的对象或区域上,可选择的对象或区域将以叠加颜色突出显示;③单击可自动选择对象或区域。

在"对象选择工具"的选项栏中,通过"模式"选项可以选择创建选区的方式。选择"矩形"选项,可以创建矩形选区;选择"套索"选项,可以创建不规则选区。创建选区后,将主要根据选区选择对象,如图 4.20 所示。

(a) 创建矩形选区　　　　　　　(b) 选择对象

图 4.20　设置"模式"选项

70

▶ **技巧**

按住 Shift 键可以将其他对象或区域添加到选区内，按住 Alt 键可以从选区中减去对象或区域。要自定义悬停叠加，可以在选项栏中单击"设置"按钮（⚙），然后修改所需的参数选项。

4.4.2 快速选择工具

"快速选择工具"可以使用鼠标指针快速选择对象，其能够自动识别对象的边缘，根据单击或拖选的区域决定选择对象的范围。

【操作方法】①从工具箱中选择"快速选择工具"（🖌），在选项栏中设置画笔的模式、大小等选项；②将鼠标指针移到图像中单击目标对象，"快速选择工具"会自动识别、选择颜色相似的区域；③连续单击，可以不断地扩展选区；也可以按住鼠标左键，快速拖曳选择更大的范围。

"快速选择工具"适用于对象与背景色彩明显的图像。如果对象与背景色彩相近，效果就会差强人意，如图 4.21 所示。对于图 4.21（a），使用"对象选择工具"会更合适。

(a) 不适用　　　　　　　　　(b) 适用

图 4.21　使用"快速选择工具"

"快速选择工具"包含多个个性选项，如图 4.22 所示，简单介绍如下。

图 4.22　"快速选择工具"选项栏

- 新选区（🖌）：创建新选区。
- 添加到选区（🖌）：在原选区上添加新创建的选区。快捷方法：在其他模式下按 Shift 键。
- 从选区减去（🖌）：从原选区中减去新创建的选区。快捷方法：在其他模式下按 Alt 键。
- 画笔选项：单击画笔右侧的向下箭头，可以设置画笔的大小、硬度和间距。
- 对所有图层取样：当图像包含多个图层时，勾选该复选框，则对所有可见图层都起作用。
- 增强边缘：勾选该复选框，可以降低边缘的粗糙度，减少块效应，优化选区。

- 选择主体：单击该按钮，将会自动选择图像中的主体。

4.4.3 魔棒工具

"魔棒工具"能够快速选择图像中颜色相同或相近的区域。

【操作方法】①从工具箱中选择"魔棒工具"（ ），在选项栏中设置取样点大小、容差、是否连续等选项；②单击图像中的目标区域，会快速选择颜色相似的区域。

如果图像色彩不是很丰富，或者主体颜色比较统一，与周围颜色色差明显，适合使用"魔棒工具"，如图 4.23 所示。在图像中单击背景部分即可选中与当前单击处相同或相似的色彩范围，这样能够快速选取背景区域。

图 4.23 使用"魔棒工具"快速选择背景

"魔棒工具"包含多个个性选项，简单介绍如下。

- 取样大小：设置以单击点为中心，采取半径为几个像素内颜色的平均值。
- 容差：设置容忍颜色差别的程度，取值范围为 0 ~ 255，默认值为 32。值越小，选取的色彩范围越相近，选取范围也就越小，如图 4.24 所示。

(a) 容差 10　　　　　　　　　　(b) 容差 100

图 4.24 不同容差选择的范围比较

- 连续：勾选该复选框，表示只能选中单击点邻近区域中的相同像素。如果取消勾选该复选框，则能够选中符合该像素要求的所有区域。

4.4.4 课堂案例：使用"魔棒工具"给标语加色

▨案例位置：案例与素材 \4\4.4.4\demo.psd
▨素材位置：案例与素材 \4\4.4.4\1.jpg

本案例使用"魔棒工具"快速选取标语，为白色标语覆盖一层淡淡的金色。

【操作步骤】

步骤 01 打开素材文件（1.jpg），准备选取标语文字。观察图像中标语文字的颜色，发现其为单一的纯白色，适合使用"魔棒工具"快速选取。在"魔棒工具"选项栏中设置"取样大小"保持默认，"容差"为 100，取消勾选"连续"复选框，然后在标语上单击，如图 4.25 所示。

步骤 02 设置前景色为红色。在工具箱中单击"前景色"按钮（▅），打开"拾色器"对话框，在其中选择红色，如图 4.26 所示。

图 4.25　选择标语　　　　　　图 4.26　在图像中取色

步骤 03 在"图层"面板中新建图层，按 Alt+Delete 组合键使用前景色填充选区。按 Ctrl+D 组合键取消选区，完成标语加色操作，效果如图 4.27 所示。

图 4.27　标语加色效果

4.5　选区基本操作

创建选区后，可能因它的位置、大小不合适而需要调整，也可能需要增加或删减选区范围，以及对选区执行其他相关操作。选区操作仅针对选区自身，不会影响选区内的图像。

4.5.1 移动选区

Photoshop 允许用户任意移动选区,而不影响图像中的内容。移动选区有以下两种方法。

- 使用鼠标移动。优点是快速,缺点是不精确。

【操作方法】将鼠标指针移到选区内,此时鼠标指针会变成形状,然后按下鼠标左键并拖动即可,如图 4.28 所示。

图 4.28 使用鼠标移动选区

- 使用键盘。优点是精确,缺点是慢。

【操作方法】按上、下、左、右 4 个方向键能够非常准确地向 4 个方向移动选区,按一下可以移动一个像素点的距离。

▶ 技巧

不管是用鼠标还是用键盘,若在移动时按下 Shift 键,则会按垂直、水平和 45°角的方向移动;若按下 Ctrl 键,则可以移动选区内的图像。

4.5.2 修改选区

选择"选择|修改"命令,可以打开"修改"子菜单,其中包含 5 个命令,说明如下。

- 边界:可以扩展选区边界,如图 4.29 所示。

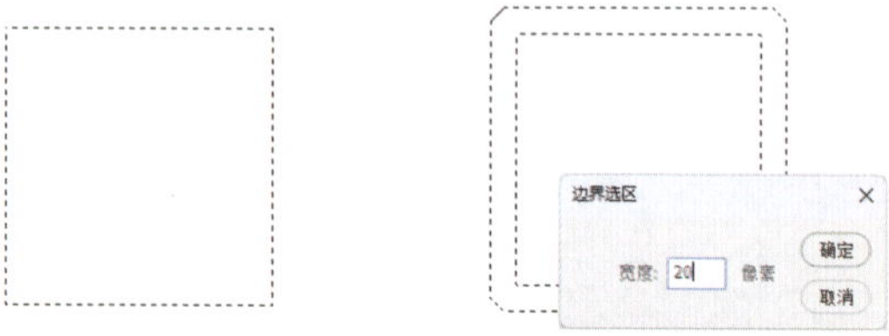

(a) 默认形状　　　　(b) 扩展 20 像素

图 4.29 扩展选区边界

- 平滑：将选区变得较连续且平滑。一般用于修正使用"魔棒工具"选择的区域。使用"魔棒工具"时，选区会不连续，且会选中一些主体之外的零星像素。使用该命令可以解决这一问题，如图 4.30 所示。

(a) 初始选区　　　　　　(b) 平滑选区 10 像素

图 4.30　平滑选区

- 扩展：可以放大选区，如图 4.31（b）所示。将选区放大或缩小，往往能够实现许多图像特效，同时也能够修改未曾完全准确选取的范围。
- 收缩：可以缩小选区，如图 4.31（c）所示。还可以直接使用鼠标拖曳进行选区的缩放，也可以通过准确的数字或比例进行缩放。

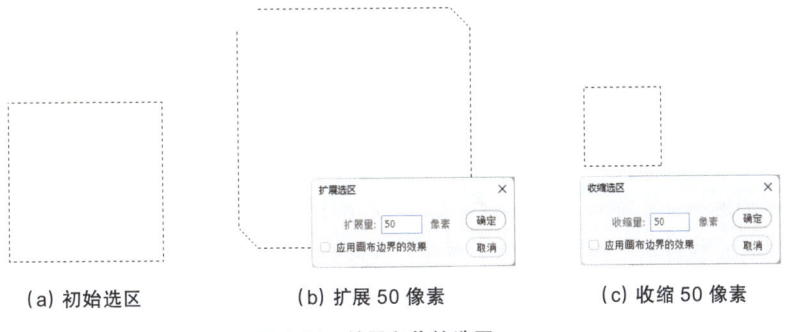

(a) 初始选区　　　　(b) 扩展 50 像素　　　　(c) 收缩 50 像素

图 4.31　扩展和收缩选区

- 羽化：可以对现有选区执行羽化操作。具体说明可以参考 4.2.2 小节的讲解。

4.5.3　变换选区

Photoshop 不仅支持对图层或选区内的图像进行旋转、翻转和自由变换处理，还支持对选区执行相关操作。创建选区之后，选择"选择|变换选区"命令，此时选区进入自由变换状态，如图 4.32（a）所示。用户可以自由改变选区的大小、位置和角度，具体操作方法如下。

- 移动位置：将鼠标指针移到选区内，当鼠标指针变为 ▶ 形状时进行拖动即可。
- 改变大小：将鼠标指针移到选区的控制柄上，当鼠标指针变为 ↗、↘、↔、↕ 形状时进行拖动即可,如图 4.32 (b) 所示。
- 自由旋转:将鼠标指针移到选区外侧,当鼠标指针变为↷形状时,按顺时针或逆时针的方向拖动,即可将选区自由旋转,如图 4.32 (c) 所示。

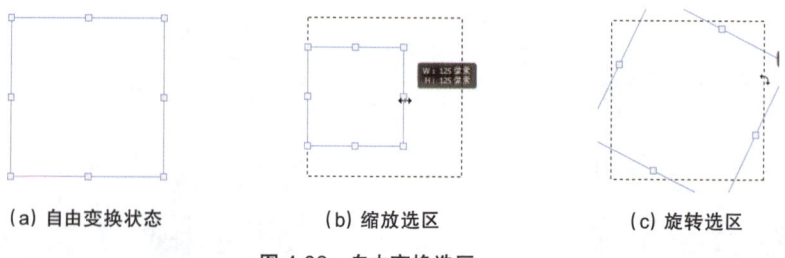

(a) 自由变换状态　　　(b) 缩放选区　　　(c) 旋转选区

图 4.32　自由变换选区

- 自由变换:在自由变换状态下,选择"编辑 | 变换"命令打开子菜单。该子菜单下的命令都可以用于调整选区的尺寸、比例以及透视变换等。

▶ 提示

在自由变换的过程中,可以同时打开"信息"面板,以便查看进行变换时选区的大小、角度和方向的变化。此外,在自由变换状态下,也可以利用选项栏精确定义变换操作。

操作完毕,在选区内双击或按 Enter 键确认即可。

4.5.4　控制选区的其他命令

Photoshop 的"选择"菜单中提供了很多命令,这些命令能帮助用户完成各种特殊操作。常用命令说明如下。

- 全部:选中整个图像(Ctrl+A)。
- 取消选择:取消当前图像中的所有选区(Ctrl+D)。
- 重新选择:重复上一次的选取(Ctrl+ Shift+D)。
- 反选:反转当前选区,即选定与当前选区相反的范围(Ctrl+Shift+I)。
- 存储选区:保存当前选区,避免意外丢失。在复杂的操作中,创建特殊选区是非常费时费力的,且每次操作所得选区也不尽相同,因此养成保存选区的习惯很重要。
- 载入选区:将保存的选区载入当前图像。

▶ 技巧

如果选区边缘干扰视觉,可以隐藏选区。选择"视图 | 显示 | 选区边缘"命令即可。隐藏选区后,如果选取新的范围,则原隐藏的选区将不再存在。

4.5.5　填充和描边

选择"编辑|填充"命令,可以为当前选区填充颜色、图案或者内容识别等。
【案例】本案例演示使用"填充"命令快速清除图像中的黑色蝴蝶,如图 4.33 所示。
▓素材位置:案例与素材 \4\4.5.5\1.png、demo.psd。

(a) 使用"对象选择工具"快速选中蝴蝶 　　　　(b) 使用"填充"命令，设置"内容"为"内容识别"

图 4.33　快速清除图像中的对象

> ▶ 提示
>
> 在"填充"对话框中，"模式"和"不透明度"选项用于设置填充图像与原图像混合的方式。该知识点已在第 3 章中详细讲解，这里不再介绍，操作中保持默认设置即可。

选择"编辑|描边"命令，可以为当前选区的边缘上色，如图 4.34 所示。

(a) 创建选区 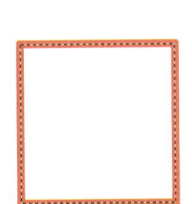　　　　(b) 描边效果 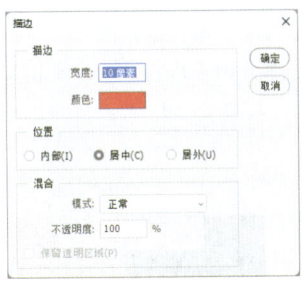　　　　(c) 设置颜色和粗细

图 4.34　为选区描边

4.5.6　课堂案例：制作网店大图广告

■案例位置：案例与素材 \4\4.5.6\demo.psd

本案例灵活使用选区操作的各种命令，设计一幅简单的网店大图广告。

扫一扫，看视频

✴【操作步骤】

步骤 01　新建文档。选项设置：大小为 350 像素 ×350 像素，分辨率为 96 像素/英寸，其他选项保持默认。保存为 demo.psd。

步骤 02　按 Ctrl+R 组合键显示标尺。从左侧标尺中拖出一条参考线，置于中间（175 像素位置）。使用"矩形选框工具"拖选左侧区域，新建图层后，按 Shift+F5 组合键打开"填充"对话框，为左侧区域填充黑色。按 Ctrl+Shift+I 组合键，反选选区，新建图层后，为右侧区域填充橘红色（#f76b00），如图 4.35 所示。

步骤 03 使用"文字工具"在顶部输入公司名称，字体为黑体，颜色为橘红色（#f76b00），大小为 24 点。新建图层，使用"矩形选框工具"拖出一个长条，使用白色进行填充，作为标题的底布，如图 4.36 所示。

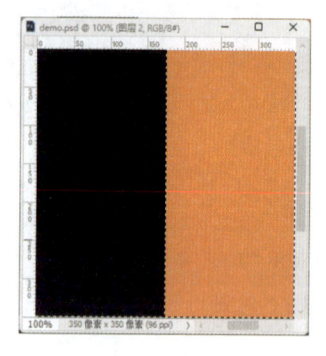

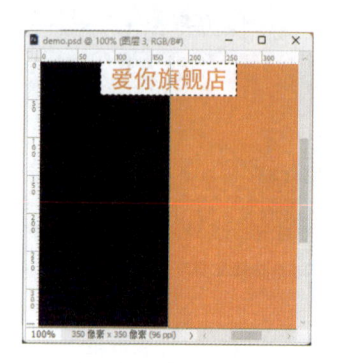

图 4.35　设计背景　　　　　图 4.36　设计公司名称

步骤 04 输入 4 行文字，颜色均为白色。标题为"店铺装修"，大小为 60 点；副标题为"初稿不满意全额退款"，大小为 16 点；广告语两条"店铺装修 海报设计""平面设计 产品拍摄"，大小为 24 点。

步骤 05 使用方向键调整 4 行文字的位置，水平居中，上下均匀分布。再使用"矩形选框工具"拖出一个长方形，略大于广告文字。新建图层，使用白色、1 像素描边选区。复制图层，移动白色线框，包裹住两条广告语，设计效果如图 4.37 所示。

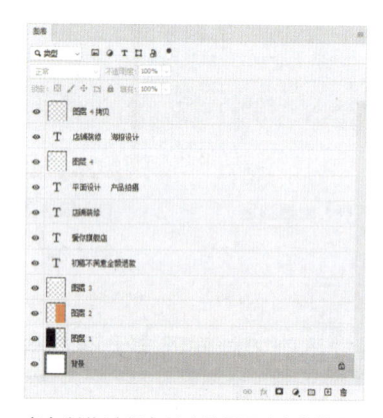

（a）制作的网店大图　　　（b）制作过程中创建的图层（注意排序）

图 4.37　设计效果

4.6　选区与蒙版

蒙版是 Photoshop 最强大的功能之一，它通过调整特定区域的透明度来控制图像的显示或隐藏。透明度通过灰度表现，其中白色为显示、黑色为隐藏、灰色为半透明。蒙版的主要用途包括图像合成、调色、存储选区、创建特效等。

4.6.1 存储与载入选区

精密的选区通常需要花费一些时间才能完成。因此，在创建选区之后，应将它保存起来，以备日后重复使用。保存后的选区将成为一个蒙版存放在"通道"面板中，需要时从"通道"面板中加载即可。

创建选区完成后，选择"选择 | 存储选区"命令，打开"存储选区"对话框。设置存储的名称，其他选项设置保持默认，如图 4.38（b）所示。存储选区之后，在"通道"面板中可以看到刚保存的选区蒙版，如图 4.38（c）所示。

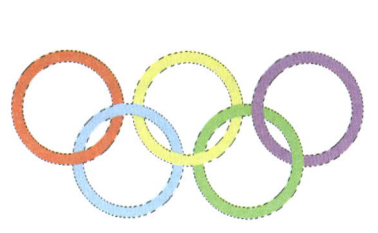

(a) 创建选区　　　(b) 设置存储选区　　　(c) 存储选区的位置

图 4.38　存储选区

"存储选区"对话框中的主要选项说明如下。

- 文档：设置选区存储的文件。默认为当前图像文件。
- 通道：设置选区存储的通道。默认存储在新通道中。
- 名称：设置新通道的名称。只有上一个选项为新通道时有效。
- 操作：设置保存的选区与原选区之间的组合关系，默认选中"新建通道"单选按钮。其他三个单选按钮只有在"通道"下拉列表中选择了已经保存的 Alpha 通道时才有效。

只要图像尺寸和分辨率相同，不同图像之间的选区可以互相调用。选择"选择 | 载入选区"命令，打开"载入选区"对话框，如图 4.39 所示。在"文档"下拉列表中选择其他图像文件，在"通道"下拉列表中找到前面存储的选区，然后单击"确定"按钮即可载入。

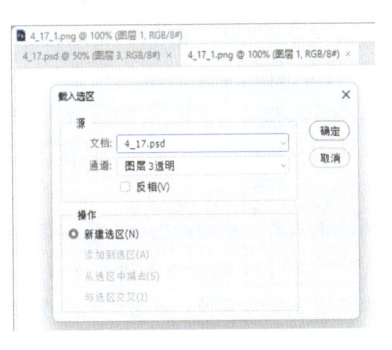

图 4.39　载入其他图像的选区

4.6.2 蒙版与通道

蒙版是一个单色图层（灰度图），每个像素点的颜色从 0 到 255。其中，0 表示黑色，完全不透明；255 表示白色，完全透明；中间色为半透明。存储选区之后，选区会被转换为蒙版，选择的区域为白色，未被选择的区域为黑色，羽化的区域为灰色。

蒙版与选区之间可以相互转换，转换通过通道实现，因此通道起到了保存选区的作用。在 Photoshop 中，这些新增通道被称为 Alpha 通道。在"通道"面板中，单击存储选区的通道，编辑窗口会切换为蒙版编辑状态。此时，使用"画笔工具"在蒙版上涂抹可以实现特定区域的显示或隐藏，还可以使用"选区工具"创建蒙版，进而实现更精确的控制。

与选区相比，蒙版更容易操作，类似于处理一幅灰色图像，且便于查看。借助Photoshop强大的图像处理功能，可以重设复杂的选区，如图4.40所示。

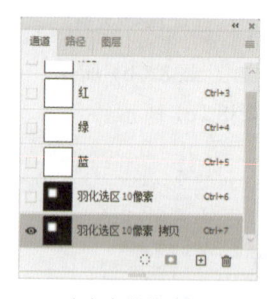

（a）创建羽化选区　　　　（b）存储的选区　　　　（c）使用画笔编辑蒙版

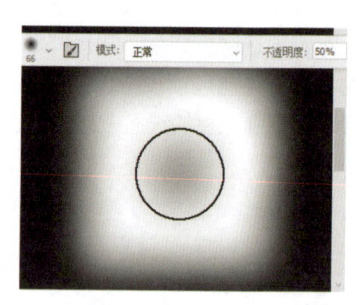

图4.40　选区与蒙版

4.6.3　课堂案例：绘制太极图

案例位置：案例与素材\4\4.6.3\demo.psd

本案例练习使用蒙版和通道功能制作复杂选区。

【操作步骤】

步骤01 新建文档。选项设置：大小为400像素×400像素，分辨率为72像素/英寸，其他选项保持默认。保存为demo.psd。

步骤02 按Ctrl+R组合键显示标尺，然后在左标尺和上标尺上拖出两条参考线，使纵横两条参考线相交于图像中心点。在工具箱中选择"椭圆选框工具"，按住Alt+Shift组合键，以中心点为圆心拖动绘制一个圆形选区，并存储选区为"大圆"。

步骤03 在工具箱中单击"快速蒙版编辑"按钮（⬚），切换到快速蒙版编辑模式，再使用"椭圆选框工具"拖动绘制一个同心圆，并填充为黑色，如图4.41所示，存储选区为"中圆"。

步骤04 拖放两条横参考线，对齐中圆半径的中点，然后以该中圆上半径的中点为圆心，以中圆半径为直径，拖动绘制一个圆形选区，并填充为白色，如图4.42所示。

步骤05 以同样的方式，制作以中圆下半径为直径的圆形选区，按Ctrl+Shift+I组合键反选选区，如图4.43所示。

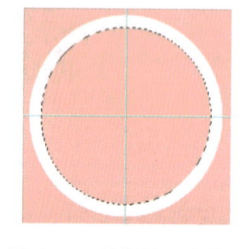

图4.41　制作同心圆选区 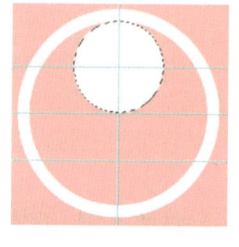　　　　图4.42　制作小圆选区 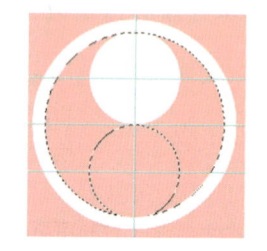　　　　图4.43　中圆与小圆反选选区相交

步骤 06 保持该选区不动，载入"中圆"选区，使其与当前选区相交，制作一个图4.42所示的选区。用"矩形选框工具"减去左半边选区，如图4.44所示，然后填充为白色。

步骤 07 以上下两条横参考线与纵参考线相交点为圆心，以中圆的半径为直径，拖动绘制两个小圆，分别填充为白色和黑色，如图4.45所示。

步骤 08 在工具箱中单击"标准编辑"按钮（ ），切换为标准编辑模式，获取太极选区，如图4.46所示。

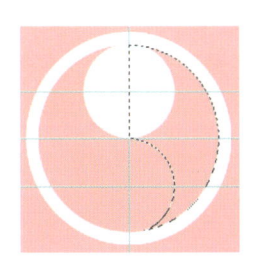

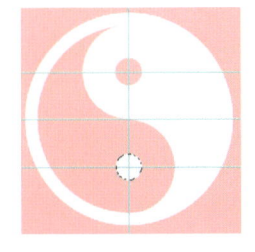

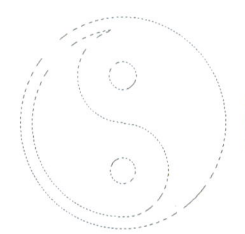

图 4.44　减去左半边选区　　图 4.45　制作小圆选区　　图 4.46　获取太极选区

4.7　其他选取命令

Photoshop 的"选择"菜单中提供了一组选择专用命令，包括色彩范围、焦点区域、主体和天空4个命令项。

"魔棒工具"能够选取具有相同颜色的图像，但是它不够灵活。当对选取内容不满意时，只能重新选取。因此，Photoshop又提供了一种比"魔棒工具"更具有弹性的选取命令：色彩范围。使用此命令不仅可以一边预览一边调整，还可以随心所欲地完善选取的范围。

选择"选择 | 色彩范围"命令，打开"色彩范围"对话框，如图4.47所示。

(a) 选取的范围　　　　　　　　　(b) "色彩范围"对话框

图 4.47　使用"色彩范围"命令

81

在"色彩范围"对话框中间有一个预览框，显示当前已经选取的图像范围。如果当前尚未进行任何选取，则会显示整个图像。该预览框下面的两个单选按钮用于设定不同的预览方式。

- 选择范围：选中该单选按钮，在预览框中只显示被选取的范围。
- 图像：选中该单选按钮，在预览框中显示整个图像。

在"选择"下拉列表中可以选择一种选取色彩范围的方式。

- 取样颜色：用吸管吸取颜色。当鼠标指针移向图像窗口或预览框中时，会变成吸管形状，单击即可选取当前颜色。同时可以配合"颜色容差"滑块一起使用。"颜色容差"滑块可以调整颜色选区，值越大，所包含的近似颜色越多，选取的范围越大。
- 红色、黄色、绿色、青色、蓝色和洋红：指定选取图像中的六种颜色。
- 高光、中间调和暗调：选取图像不同亮度的区域。
- 溢色：将一些无法印刷的颜色选取出来。该选项只用于 RGB 模式下的图像。

在"选区预览"下拉列表中可以选择一种选区在图像窗口中显示的方式。

- 无：在图像窗口中不显示预览。
- 灰度：以灰色调显示未被选取的区域。
- 黑色杂边：以黑色显示未被选取的区域。
- 白色杂边：以白色显示未被选取的区域。
- 快速蒙版：以默认的蒙版颜色显示未被选取的区域。

利用"色彩范围"对话框中的三个吸管按钮，可以增加或减少选取的色彩范围。当要增加一个选区时，选择带有"＋"的吸管；当要减少选区时，选择带有"－"的吸管，然后移动鼠标指针至预览框或图像窗口中单击即可完成。勾选"反相"复选框，可以在选区与非选区之间切换。

选择"选择 | 焦点区域"命令，打开"焦点区域"对话框，如图 4.48 所示。使用该命令可以快速抠出图像中的焦点内容，用法与"色彩范围"命令类似，但更智能。

选择"选择 | 主体"命令，直接选取图像中的主体对象，比"焦点区域"命令更精确、快速，如图 4.49 所示。经过比较可以发现："主体"命令在选取头发细节时，要比"焦点区域"命令更细腻。

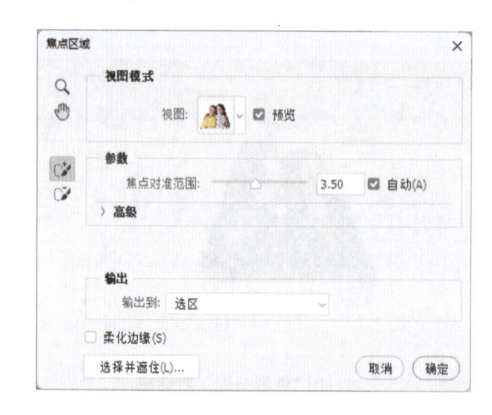

图 4.48 选择"焦点区域"命令　　　　　图 4.49 选择"主体"命令

4.8 本章小结

本章从介绍各种选取工具的基本操作开始，然后深入讲解了选区的高级操作方法。通过本章的学习，读者能够根据需求和图像的具体内容，准确选择不同的范围，并对选区执行缩放、旋转、翻转、自由变换以及存储等操作。在掌握选区的基本操作后，本章又深入介绍了选区、蒙版与通道的关系。

4.9 课后习题

1. 填空题

（1）使用"矩形选框工具"时，按 _____ 键可以选取一个正方形的选区，而使用 _____ 可以选取一个三角形的选区。

（2）使用"椭圆选框工具"时，如果按 _____ 键拖动，则可以选取一个以起点为中心的圆形。

（3）在使用"磁性套索工具"选取的过程中，如果要取消选取，除了可以按 Esc 键外，还可以按 _____ 键。

（4）"魔棒工具"的"容差"默认值为 _____。

2. 选择题

（1）要选取一个正方形和圆形选区，可以使用 _____ 工具进行选取。
A. 矩形选框工具、椭圆选框工具　　B. 多边形套索工具、椭圆选框工具
C. 矩形选框工具、多边形套索工具　　D. 多边形套索工具、矩形选框工具

（2）现在有一个苹果图像，它的颜色为纯红色，苹果之外的图像区域为绿色叶子。此时要选取这个苹果，最佳且最快速的选取方案是 _____。
A. 使用"椭圆选框工具"选取　　B. 使用"色彩范围"命令选取
C. 使用"魔棒工具"选取　　D. 使用"磁性套索工具"选取

（3）取消选择命令的对应组合键是 _____。
A. Ctrl+E　　B. Ctrl+D
C. Shift+D　　D. Ctrl+Alt+D

（4）要增加选区，下面 _____ 操作是正确的。
A. 在选取一个范围后，选择"矩形选框工具"，并按 Alt 键进行选取
B. 在选取一个范围后，选择"矩形选框工具"，并在工具栏中单击"从选区减去"按钮，然后拖选
C. 在选取一个范围后，选择"矩形选框工具"，并按住 Shift 键进行选取
D. 以上都不对

（5）在移动选区时，如果按 _____ 键，则会按垂直、水平和 45° 角的方向移动；如果按 _____ 键拖动，则可以移动选区中的图像。
A. Ctrl　Shift　　B. Ctrl　Alt
C. Shift　Ctrl　　D. Shift　Ctrl+Alt

（6）要将选区进行反选，可以按 _____ 组合键。
　　A. Ctrl+D　　　　　　　　　　　　B. Ctrl+E
　　C. Ctrl+I　　　　　　　　　　　　D. Ctrl+Shift+I

3. 判断题

（1）按 Ctrl+H 组合键可以隐藏选区，以便查看效果。　　　　　　　　　　（　　）
（2）使用"多边形套索工具"无法选取正方形选区。　　　　　　　　　　　（　　）
（3）"扩展"与"扩大选取"命令的功能是一致的。　　　　　　　　　　　（　　）
（4）在选取一个范围后，按 Alt 键可以增加选区。　　　　　　　　　　　　（　　）
（5）要重复上一次的选取，可以按 Ctrl+Shift+D 组合键。　　　　　　　　（　　）

4. 简答题

（1）要选取一个由色块图像组成的区域，可以使用什么工具？
（2）选区的作用和目的是什么？

5. 上机练习

（1）打开练习素材（位置：案例与素材 \4\ 上机练习素材 \1.png），在图像中进行增加、删减、反选和取消选区等操作。

（2）打开练习素材（位置：案例与素材 \4\ 上机练习素材 \2.png、3.png），如图 4.50 所示。思考并测试一下用什么方法选取花朵和花蕊的速度更快且更精确。

图 4.50　练习素材（1）

（3）打开练习素材（位置：案例与素材 \4\ 上机练习素材 \4.png），如图 4.51 所示。获取蝴蝶选区并保存到通道中，然后调出选区再描边，绘制一幅简笔画。

图 4.51　练习素材（2）

通道与蒙版

第 5 章

📢 **学习目标**

- 认识通道和通道面板。
- 了解三种不同的通道，熟练操作通道。
- 认识蒙版的基本功能。
- 灵活生成蒙版和编辑蒙版。

　　图层、通道和蒙版是 Photoshop 编辑图像的三大"利器"，而通道、蒙版与选区之间又有着紧密的联系，高级抠图能力、精细的图像处理技术都离不开通道和蒙版的助力。例如，抠取毛发、透明物体等复杂对象，使用普通选取工具是无法实现的；如果没有蒙版的支持，图像局部区域调色与编辑也是非常困难的。

5.1 认识通道

通道最主要的功能是保存图像的颜色数据。例如，一幅 RGB 模式的图像，其每个像素的颜色数据由红色、绿色、蓝色三原色组成，并分别使用 3 个原色通道进行存储。而这 3 个原色通道合成了 1 个 RGB 主通道，最后呈现出一幅完整的图像视觉效果，如图 5.1 所示。

　　(a) 红色通道　　　　(b) 绿色通道　　　　(c) 蓝色通道　　　　(d) RGB 主通道

图 5.1　RGB 模式的图像

在 CMYK 模式的图像中，颜色数据则分别由青色、洋红色、黄色和黑色 4 个色彩通道合成 1 个 CMYK 的主通道。这 4 个色彩通道也就相当于四色印刷中的四色胶片，即 CMYK 图像在彩色输出时可进行分色打印，将 CMYK 四原色的数据分别输出成青色、洋红色、黄色和黑色四张胶片。在印刷时，这四张胶片叠合，就可以印刷出色彩斑斓的彩色图像。

通道除了可以保存颜色数据外，还可以保存选区。将一个选区存储后，会将选区转换为一个蒙版保存在一个新增的通道中，这种通道被称为 Alpha 通道。

Alpha 通道可将选区作为 8 位灰度图像存放。使用 Alpha 通道可以操作、隔离和保护图像的局部内容。

除了颜色通道和 Alpha 通道外，还有一种专色通道。这种通道有一种特殊的用途，可以使用一种特殊的混合油墨替代或附加到图像颜色油墨中，以便校正打印的色彩效果。

5.2 操作通道

在"通道"面板中可以操作通道，如对原色通道进行亮度和对比度的调整、新建 Alpha 通道、新建和复制通道等。

5.2.1 认识"通道"面板

选择"窗口|通道"命令，可以打开"通道"面板，如图 5.2 所示。通过"通道"面板可以完成所有的通道操作，如新建、删除、复制、合并以及拆分通道等。

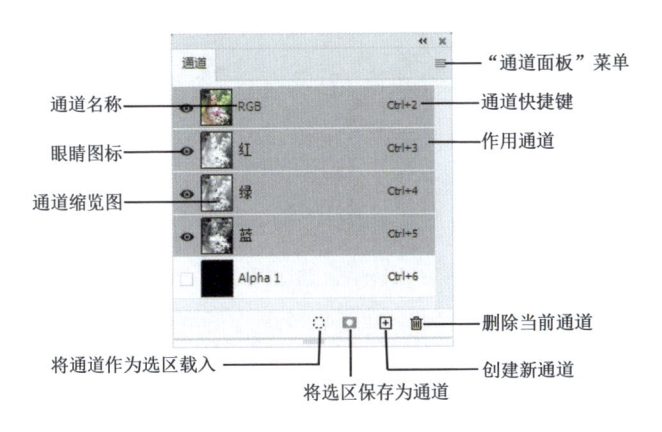

图5.2 "通道"面板

"通道"面板中的主要选项说明如下。

- 通道名称：双击名称可以修改。但图像原色通道（如红、绿、蓝）和复合通道（如 RGB）的名称均不能更改。
- 眼睛图标：显示或隐藏当前通道，切换时只需单击该图标即可。由于主通道和各原色通道的关系特殊，当单击隐藏某原色通道时，RGB 复合通道会自动隐藏；若显示 RGB 复合通道，则各原色通道又会同时显示。
- 将通道作为选区载入（ ）：选择一个通道，单击该按钮可以载入通道中保存的选区。
- 将选区保存为通道（ ）：单击该按钮可以将当前图像中的选区转换为一个蒙版，保存到一个新增的 Alpha 通道中。该功能与"选择|存储选区"命令的功能相同。
- 创建新通道（ ）：单击该按钮可以快速建立一个新的 Alpha 通道。
- 删除当前通道（ ）：单击该按钮可以删除当前作用通道。使用鼠标拖曳通道到该按钮上也可以删除。注意，复合通道（如 RGB）不能删除。

要编辑某个通道，直接使用鼠标单击该通道即可，此时在图像窗口中会显示该通道的灰度图。编辑结束之后，单击复合通道，可以恢复彩色图像的显示。

> ▶ 技巧
> 若按住 Ctrl 键单击通道，可以载入当前通道的选区；若按住 Ctrl+Shift 组合键单击通道，可以将当前通道的选区添加到原有选区中。

5.2.2 颜色通道

颜色通道用于保存图像的颜色信息，颜色通道的数量由图像颜色模式决定。例如，RGB 模式的图像包含 3 个原色通道和 1 个复合主通道；CMYK 模式的图像包含 4 个原色通道和 1 个复合主通道；Lab 模式的图像包含明度、a、b 和 1 个复合主通道、灰度图、索引颜色图位图、双色调图都只有一个通道，如图 5.3 所示。

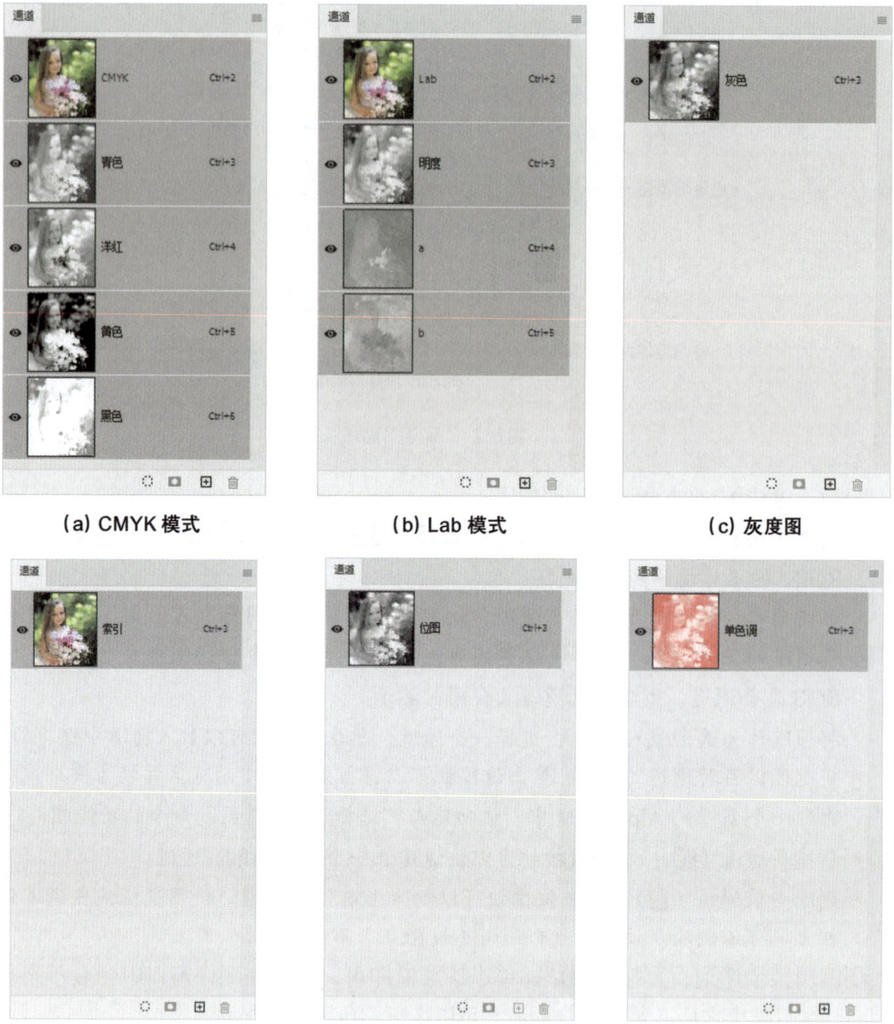

(a) CMYK 模式　　　(b) Lab 模式　　　(c) 灰度图

(d) 索引颜色图　　　(e) 位图　　　(f) 双色调图

图 5.3　颜色通道与图像模式

5.2.3　Alpha 通道

Alpha 通道可以将选区存储为灰度图，这种灰度图也称为蒙版。在蒙版中，白色代表完全选中，黑色代表完全未选中，灰色代表部分选中（如设置不透明度或羽化操作等）。灰色值与不透明度成正比，灰色值越大，越不透明；灰色值越小，越透明。

扫一扫，看视频

▶ 注意

蒙版可以显示为其他单色图，如红色、黄色等，在"通道面板"菜单中选择"新建通道"命令，打开"通道选项"对话框。在其中可以设置蒙版的显示颜色和不透明度，如图 5.4 所示。

图5.4　把选区转换为Alpha通道

5.2.4　专色通道

在印刷行业，打印流程是将青色、洋红色、黄色和黑色四种油墨依次印在纸上。考虑到油墨品质等因素的影响，打印的效果可能会不尽如人意，如出现不同程度的色差。为了纠正色差，一般会再增加一个专色通道，通过一张独立的胶片打印，预混油墨来修正或补充 CMYK 油墨。

按 Ctrl+A 组合键全选图像，表示对整个图像进行混色处理，在"通道面板"菜单中选择"新建专色通道"命令，或按住 Ctrl 键，单击"创建新通道"按钮（ ），打开"新建专色通道"对话框，如图 5.5 所示。

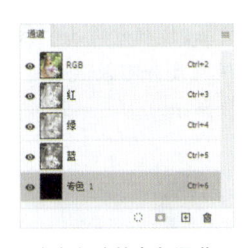

(a)"新建专色通道"对话框　　(b) 新建的专色通道　　(c) 混色后的效果

图5.5　新建专色通道

在"油墨特性"选项组中，单击颜色框可以选择油墨的颜色，该颜色将在印刷图像时起作用；在"密度"文本框中可设置油墨的密度（0%～100%）。密度值仅用于在屏幕上显示模拟打印后的效果，对实际打印输出并无影响，功能类似于蒙版颜色中的不透明度选项。

▶ 提示

如果在新建专色通道之前，图像中已有选区范围，则新建专色通道后，会在选区范围内自动填入专色通道的颜色，并取消选区的虚线框显示。

在"通道面板"菜单中选择"合并专色通道"命令，可以将专色通道直接合并到原色通道中。在"通道面板"菜单中选择"通道选项"命令，可以在打开的"通道选项"对话框中将 Alpha 通道转换为专色通道。

5.3　应用通道

颜色通道主要用于记录图像色彩信息，而 Alpha 通道主要用于记录选区信息。颜色通道与 Alpha 通道之间可以进行信息交换，以实现各种复杂的图像处理。

5.3.1　课堂案例：使用通道抠图穿纱裙的人物

■ 案例位置：案例与素材 \5\5.3.1\demo.psd
■ 素材位置：案例与素材 \5\5.3.1\1.jpg、2.png

使用 Alpha 通道可以快速制作特殊选区，如发丝、阴影、半透明体、重色体等。通道抠图原理：每种原色通道记录的是该原色的占比，转换为 Alpha 通道之后，这个颜色占比就与选区的羽化比（不透明度）成负相关。利用这种关系，可以获取图像中半透明像素点的选区信息。

【操作步骤】

步骤 01 打开素材文件（1.jpg），这是一幅人物照，抠图难点在于其半透明的纱裙。由于海浪、白沙与半透明的纱裙颜色相近，为了最大限度地降低背景对本次操作的干扰，先把人物整体抠出来备用。选择"选择|主体"命令，先获取人物选区，再使用"磁性套索工具"增补漏掉的区域，如左肩等，如图 5.6 所示。最后保存选区到"通道"面板，命名为"人物轮廓"。

步骤 02 分析各颜色通道的灰度信息，确定可用通道。由于本案例照片中人物与背景色都偏向浅色，人物与背景的对比度不明显，仔细分析 3 个原色通道，绿色通道的灰度对比度最大（适合抠非常不透明的点），而红色通道灰度分布最浅（适合抠非常透明的点），因此选择红色通道和绿色通道作为工作通道，如图 5.7 所示。

图 5.6　选取原图人物轮廓

(a) 红色通道　　(b) 绿色通道　　(c) 蓝色通道

图 5.7　分析通道灰度信息

步骤 03 在"通道"面板中，拖曳绿色通道到面板底部的"创建新通道"按钮，复制绿色通道为 Alpha 通道。注意，不能直接编辑图像原色通道。

步骤 04 单击"绿 拷贝"通道，在编辑窗口中切换到绿色通道编辑状态。按 Ctrl+M 组合键，打开"曲线"对话框，拖曳曲线右下角的控制点到 25 的位置，增大灰色对比度。此时调整幅度不宜过大，可以时刻观察头发和身体边缘灰度的变化，如图 5.8 所示。注意，调整幅度过大，将会损失头发等细节信息。

步骤 05 按住 Ctrl 键，单击"绿 拷贝"通道，调出选区。按 Ctrl+Shift+I 组合键，反选选区。选择"选择|载入选区"命令，载入"人物轮廓"选区，与"绿 拷贝"通道选区交叉，清除背景区域的选区。再按 Ctrl+J 组合键复制选区内容到新图层，获取人物躯干和头发细节，如图 5.9 所示。

图 5.8 使用曲线调整绿色通道的灰度　　　　图 5.9 抠出人物（1）

步骤 06 分析抠出图像，发现纱裙半透明效果不明显。使用红色通道继续抠出纱裙。在"通道"面板中复制红色通道为 Alpha 通道。单击"红 拷贝"通道，然后按 Ctrl+M 组合键，打开"曲线"对话框，拖曳曲线左下角的控制点到 50 的位置，增大对比度，如图 5.10 所示。操作中可以局部放大纱裙区域，边拖曳边观察明暗对比，目标是获取非常透明的细节信息，因此幅度不宜过大。

步骤 07 模仿第 5 步的操作，再次获取一个人物抠图效果。此时的主要目标是获取纱裙半透明效果，而非人物清晰度或其他位置的细节，如图 5.11 所示。

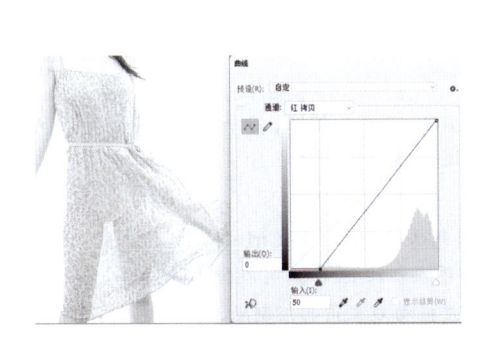

图 5.10 使用曲线调整红色通道的灰度　　　　图 5.11 抠出人物（2）

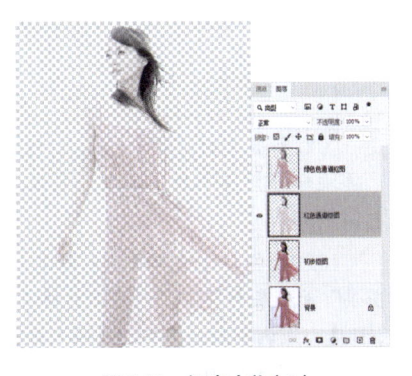

步骤 08 导入背景图像（2.png），设置绿色通道抠图半透明显示（不透明度为 70%，可酌

情调整）。使用遮罩将初步抠出的人物的纱裙半遮盖住：使用"磁性套索工具"选择选区，然后反选，再应用遮罩，接着编辑遮罩，使用灰色（#666666）填充遮罩黑色区域，最后合成效果如图 5.12 所示。

图 5.12　最后合成效果

5.3.2　课堂案例：使用通道为照片调色

照片调色有多种方法，Photoshop 也提供了大量的调色命令，这些命令的算法和用法不同，但原理基本相同。通道调色原理如下。

- 在 RGB 模式图像中，3 个原色通道分别保存了红光、绿光和蓝光信息。当光线充足时，通道变亮，相应的原色含量就高；当光线不足时，通道变暗，相应的原色含量就低。调亮通道，会增加该通道原色的含量。
- 在 CMYK 模式图像中，4 个原色通道分别保存了青色、洋红色、黄色和黑色油墨信息。当油墨充足时，通道变暗，相应的原色含量就高；当油墨不足时，通道变亮，相应的原色含量就低。调亮通道可以减少原色含量，调暗通道可以增加原色含量。

此外，不管是 RGB 模式图像，还是 CMYK 模式图像，增加一种原色，会减少其补色。反之，减少一种原色，会增加其补色。

■案例位置：案例与素材 \5\5.3.2\demo.psd
■素材位置：案例与素材 \5\5.3.2\1.jpg

【操作步骤】

步骤 01　打开素材文件（1.png），这是一幅 RGB 模式的图像，分析画面略显偏暗，如图 5.13 所示。再逐一分析 3 个原色通道，发现蓝色通道最暗，说明蓝色含量低，导致整个画面偏暗，如图 5.14 所示。

步骤 02　按住 Ctrl 键单击蓝色通道，调出蓝色通道选区。按 Ctrl+Shift+I 组合键，反选选区。在"图层"面板底部单击"创建新的填充或调整图层"按钮（　），在弹出的菜单中选择"曲线"命令，新建曲线调整图层。在"属性"面板中向左拖动右上角的控制点，增加蓝色通道原色含量，调亮画面，如图 5.15 所示。

步骤 03　再次分析画面，发现人物面部偏暗。使用"快速选择工具"（　）拖选面部区域。按 Shift+F6 组合键打开"羽化"对话框，羽化选区 5 像素，如图 5.16 所示。

图5.13 原图像效果

图5.14 分析通道灰度信息

图5.15 调亮画面

图5.16 快速选择面部区域

步骤 04 在"图层"面板再新建一个曲线调整图层,稍微向左上方拖动曲线,改善面部光亮,如图5.17所示。最终调整效果如图5.18所示。

图5.17 调亮面部

图5.18 最终调整效果

5.4 蒙版

在前面各章节中已介绍过蒙版,也曾使用过蒙版,如调整图层、填充图层等,本节将系统讲解蒙版的存在形式与应用。

93

5.4.1 认识蒙版

在图像中，蒙版用于保护被遮盖的区域不受任何操作的影响。蒙版具有非破坏性的特点，即它只遮盖图像，不会破坏图像，如果删除蒙版，图像能够恢复原样。

蒙版与选区的功能是相同的，两者之间可以相互转换，但它们有着本质的区别。简单比较如下。

- 选区以一个透明无色的虚线框表示，在图像窗口中只能看到虚线框的形状，不能看到半透明选区的效果，也看不到羽化后的选区边缘效果。
- 蒙版可以以灰度图的形式呈现完全的选区效果，可以使用图像处理的方式来编辑选区，如明暗调整（半透明选区）、应用滤镜、旋转和变形等，然后把处理后的蒙版转换为选区再应用到图像中。

在 Photoshop 中，蒙版的应用非常广泛，产生蒙版的方法通常有以下几种。

- 使用"存储选区"命令时，会自动产生一个蒙版，然后保存到"通道"面板中。在"通道"面板中单击"将选区保存为通道"按钮（ ），也可以将选区保存为蒙版。
- 在"通道"面板中可以新建 Alpha 通道，而 Alpha 通道就是一个蒙版。
- 在"图层"面板中单击"添加图层蒙版"按钮（ ），可以新建一个图层蒙版。此时在"通道"面板中也会看到这个蒙版。
- 在"图层"面板中可以新建剪切蒙版。
- 在工具箱中单击"以快速蒙版模式编辑"按钮（ ），可以产生一个临时的快速蒙版。
- 在工具选项栏中单击"选择并遮住"按钮，也可以产生一个临时的蒙版。演示可参考 4.2.2 小节课堂案例。
- 使用图形工具绘制矢量蒙版。

5.4.2 快速蒙版

快速蒙版可以临时地将一个选区快速转换为一个蒙版，方便以图像处理的方式编辑选区。编辑完成后，可以再次转换为选区使用。

【案例】使用快速蒙版模式精确编辑选区。

■素材位置：案例与素材 \5\5.4.2\1.jpg、demo.psd。

在 5.3.1 小节的课堂案例的步骤 1 中，快速选择了人物主体，但是由于背景与人物边缘颜色相近，有几处漏选了。此时，可以利用快速蒙版模式精确编辑选区，如图 5.19 所示。

步骤 01 选择"选择|主体"命令，获取人物选区，然后在工具箱中单击"以快速蒙版模式编辑"按钮（ ），进入快速蒙版编辑状态。

步骤 02 使用"磁性套索工具"勾选漏选区域。为了避免边缘生硬，按 Shift+F6 组合键羽化选区 2 像素。接着使用白色填充选区。以同样的方式处理其他位置的漏选区域。

步骤 03 在工具箱中单击"以快速蒙版模式编辑"（ ）按钮，退出快速蒙版编辑模式，将蒙版转换为选区。

(a) 选取屏幕区域 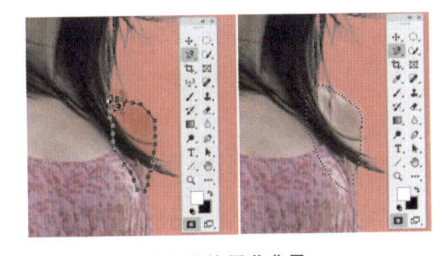　　　　　　　　　(b) 替换屏幕背景

图 5.19　使用快速蒙版模式精确编辑选区

▶ **提示**

在编辑快速蒙版时，如果图像的主体颜色与蒙版颜色相近，则可以先双击"以快速蒙版模式编辑"按钮（ ），打开"快速蒙版选项"对话框，设置蒙版颜色和不透明度。按住 Alt 键，单击"以快速蒙版模式编辑"按钮（ ），则可在蒙版区域与选区之间快速切换，方便查看选区效果。

5.4.3　图层蒙版

图层蒙版能够在不破坏图像的前提下隐藏部分内容，第 3 章讲解的调整图层、填充图层以及智能滤镜等，都包含图层蒙版。

图层蒙版附加在一个图层上，可以遮盖图层的内容，或者半透明显示部分区域。在图层蒙版中，白色为可见区域，黑色为不可见区域（即被遮盖区域），灰色为半遮盖区域（即半透明区域）。灰度越深，被遮盖的程度就越浅。

【案例】渐变替换背景。

素材位置：案例与素材 \5\5.4.3\1.png、2.png、demo.psd。

步骤 01　打开素材图像（1.png），在"图层"面板底部单击"添加图层蒙版"按钮（ ），为当前图层添加蒙版。按住 Alt 键，单击蒙版缩览图，切换到蒙版图像编辑状态。默认显示为全白色，表示没有遮盖任何内容。使用直线渐变绘制一条从白到黑的渐变，如图 5.20 所示。

步骤 02　在"图层"面板中单击图像缩览图，返回图像编辑状态，可以看到被遮盖的图像效果，如图 5.21 所示。

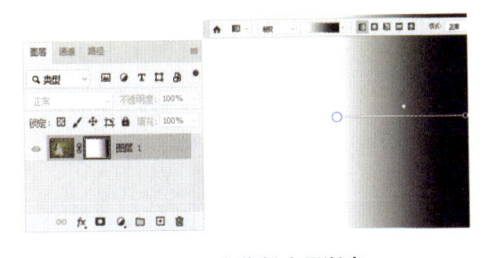

图 5.20　为蒙版应用渐变 　　　　　　　　图 5.21　被蒙版遮盖的效果

步骤 03　打开素材图像（2.png），复制并粘贴到当前文件；然后移动到图层的底部，并调整背景图像的位置，显示效果如图 5.22 所示。

95

(a)原图　　　　　　　　　　　　(b)效果图

图5.22　渐变替换背景

▶ 提示

如果在图像中存在选区，则单击"添加图层蒙版"按钮（▣），可以将选区转换为蒙版，白色为选区区域，黑色为非选区区域。有关蒙版的更多操作可以参考3.3.2小节。

5.4.4　剪贴蒙版

剪贴蒙版能够根据图形、文字或图像轮廓来遮盖其他图层图像的内容。图层蒙版只作用于一个图层，而剪贴蒙版可以作用于多个图层（必须上下相邻）。

在剪贴组图层中，最下面的图层为基底图层，相当于蒙版；其上面的图层为内容图层，内容图层的前面有一个↓符号，指向下面的基底图层；上面的内容图层将根据下面的基底图层进行显示。

在基底图层中，透明区域为蒙版，相当于图层蒙版中的黑色区域，可以隐藏内容图层中相应区域的内容；基底图层的非透明区域将会显示上面内容图层中相应区域的内容。

【案例】正确使用剪贴组图层。

▣素材位置：案例与素材 \5\5.4.4\1.jpg、2.jpg、demo.psd。

步骤 01 打开素材图像，把动物和地球复制到同一个文档中，存储为 demo.psd。

步骤 02 使用"魔棒工具"抠出地球中的蓝色区域，命名为"地球"；反选后抠出黑色线和白色背景，命名为"经纬线"；把动物图层命名为"动物"。

步骤 03 把"经纬线"图层移到顶部。选中"动物"图层，选择"图层|创建剪贴蒙版"命令，效果如图 5.23 所示。

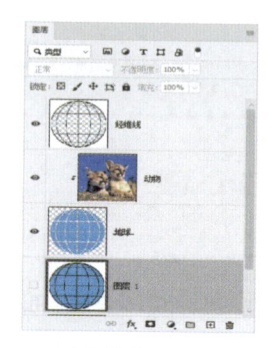

(a)蒙版效果　　　　　　　　　　(b)剪贴组图层

图5.23　使用剪贴组图层

▶ 技巧

若要创建剪贴组图层，将鼠标指针移到"图层"面板中两个要编组的图层之间，按下 Alt 键单击即可。若要取消剪贴组图层，只要按住 Alt 键，在剪贴组图层的两个图层之间单击即可。

▶ 提示

使用鼠标拖曳"经纬线"图层到剪贴组图层中间，或者基底图层的上面，释放鼠标即可将多个图层加入当前剪贴组中，如图 5.24 所示。

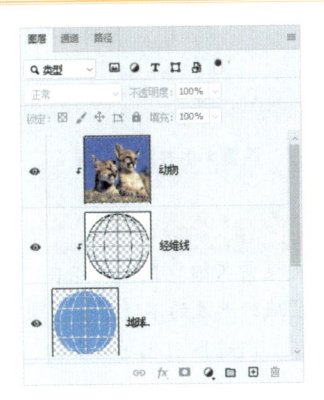

(a) 蒙版效果　　　　　　　　(b) 拖曳到基底图层的上面

图 5.24　将多个图层加入剪贴组

5.4.5　矢量蒙版

矢量蒙版通过矢量图形控制图层内容的显示。矢量蒙版的优点在于，蒙版图形无论怎么缩放、变形等，其轮廓总是光滑如初，这样可以确保蒙版的遮盖效果。

【案例】设计望月意境图。

■素材位置：案例与素材 \5\5.4.5\1.png、2.png、demo.psd。

步骤 01　打开素材图像（1.png 和 2.png），把它们复制到当前文档中。在工具箱中选择"椭圆工具"（　），按住 Alt 键拖动绘制一个正圆形路径，如图 5.25 所示。

步骤 02　选择"图层 | 矢量蒙版 | 当前路径"命令，把当前路径与其下面的图层绑定为矢量蒙版图层，如图 5.26 所示。

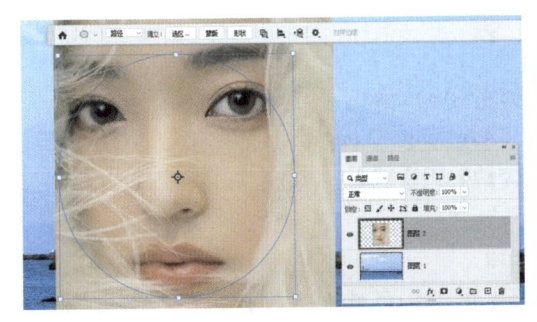

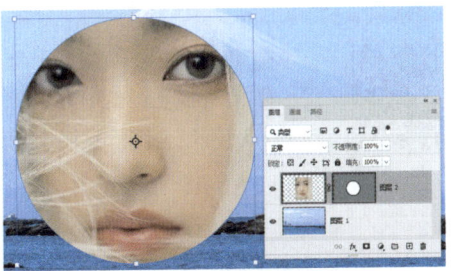

图 5.25　绘制正圆形路径　　　　　　　　图 5.26　生成矢量蒙版图层

步骤 03 选中整个矢量蒙版图层，调整大小并移动到合适的位置，设置图层混合模式为"滤色"，效果如图 5.27 所示。使用"磁性套索工具"勾选山顶轮廓，按 Shift+F6 组合键，羽化选区 5 像素。选中背景图像，按 Ctrl+J 组合键，复制山顶到新图层，再将该图层移动到顶部，使其部分遮盖住月亮。最后合成效果如图 5.28 所示。

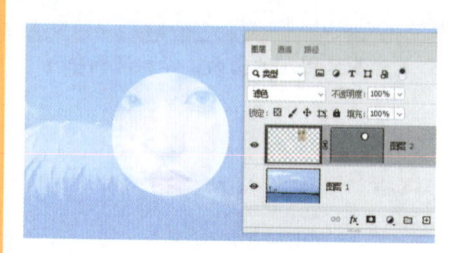

图 5.27 调整大小并混合图层

图 5.28 最后合成效果

▶ 提示

单击矢量蒙版缩览图，可以在"属性"面板中设置蒙版的密度和羽化选项。密度可以调整路径区域外遮盖的不透明度，默认为 100%，即完全遮盖；羽化可以设置路径边缘遮盖的羽化效果，与选区羽化功能类似。例如，设置羽化值为 5 像素，则路径蒙版的羽化效果如图 5.29 所示。

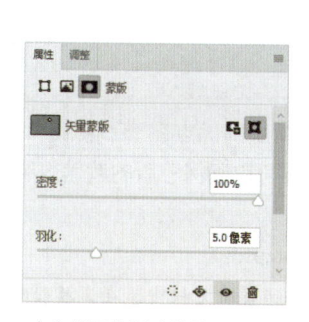

(a) 设置蒙版边缘的羽化值　　(b) 羽化后的蒙版效果

图 5.29 路径蒙版的羽化效果

5.4.6 课堂案例：设计节日户外海报

■ 案例位置：案例与素材 \5\5.4.6\demo.psd
■ 素材位置：案例与素材 \5\5.4.6\1.png、2.png、3.png

本案例结合图层蒙版、剪贴蒙版、矢量蒙版，设计一幅节日户外海报。

✥【操作步骤】

步骤 01 新建文档，保存为 demo.psd。文档设置：宽 412 像素、高 886 像素、分辨率 300 像素/英寸，其他选项保持默认。

步骤 02 新建两个图层，分别填充为浅粉色（#f1c4c4）和粉红色（#ef7b95）。为粉红色图层添加蒙版。按 Alt 键，单击蒙版缩览图，在图像窗口编辑蒙版。设置前景色为黑色，使用大笔刷在蒙版中绘制几条斜线。笔刷设置：笔尖尽可能大（粗犷），硬度25%左右，适当羽化边缘，不透明度50%。效果如图 5.30 所示。

步骤 03 设置蒙版图层的混合模式为"滤色"，使上下两个图层融合在一起，设计一种波动效果的背景，如图 5.31 所示。

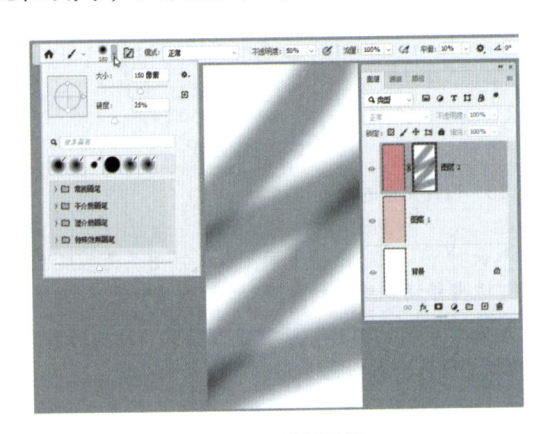

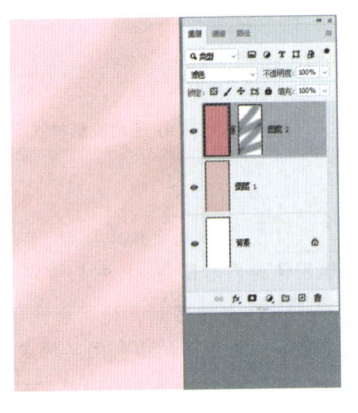

图5.30 绘制蒙版　　　　　　　　　图5.31 融合背景色

步骤 04 打开素材图像（1.png 和 2.png），复制素材图像中的主体对象，可参考 1.psd 和 2.psd。调整玫瑰花的大小和位置，适当旋转角度，放置在画面中部左侧位置，设置图层混合模式为"滤色"，不透明度为70%。复制玫瑰花图层，水平翻转之后，移动到画面右侧，设置图层混合模式为"柔光"，不透明度为100%。调整女神图像大小，并置于画面中央位置，设置图层混合模式为"滤色"，为其添加图层蒙版，在蒙版中使用黑色笔刷涂抹不需要显示的部位。设计效果如图 5.32 所示。

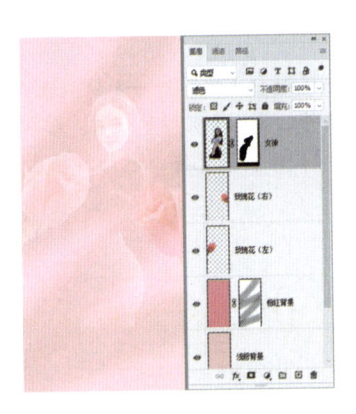

图5.32 混合图像

步骤 05 使用"文字工具"输入6行文字。"三八女神节"：微软雅黑、16点、白色；Women's Day：Kunstler Script、16点、#e24940；3.8：华文宋体、8点、#e24940；2024：华文宋体、8点、#e24940；"优雅绽放向阳而生"（使用"直排文字工具"输入）：华文细黑、6点、#e24940；"不惧时光活出精彩"（使用"直排文字工具"输入）：华文细黑、6点、#e24940。使用"移动工具"调整文字的排放位置，为直排文字应用投影样式，设计文字的效果如图 5.33 所示。

99

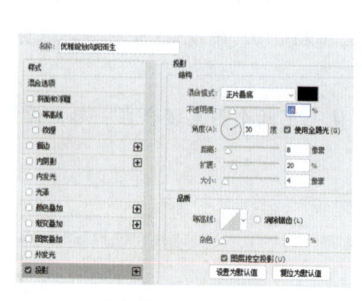

(a)应用投影样式　　　　　　(b)文字排版效果

图5.33　设计文字的效果

步骤 06 复制两次玫瑰图像,移动到"三八女神节"文字图层上面。以文字图层为基底图层,以玫瑰图像为内容图层,把它们绑定为剪贴组,适当移动玫瑰花的位置,最后效果如图5.34所示。

步骤 07 新建图层,使用白色填充,然后使用"钢笔工具"绘制星形图案。把星形图案作为矢量路径,与下面的白色图层绑定为矢量蒙版,设计一种白色星形效果。复制两次,使用"直接选择工具"调整控制点,调整星形的高度和宽度。移动位置后,修改图层混合模式为"滤色"或"强光",产生闪烁的星星效果,点缀一下画面。设计效果如图5.35所示。

图5.34　设置剪贴文字效果　　　　　图5.35　点缀闪烁的星星

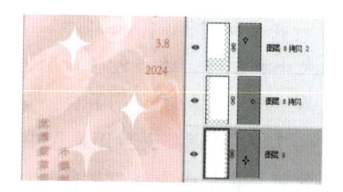

步骤 08 到目前为止,整个画面稍显平淡。打开素材图像(3.png),复制其中的紫色太阳花,调整大小并移到画面右下角,点缀并打破画面沉闷的效果。添加图层蒙版,使用"直线渐变工具"渐隐太阳花,再添加可选颜色调整图层,强化洋红色的鲜艳度,设置如图5.36所示。最终设计效果如图5.37所示。

图5.36　添加色彩反差装饰　　　　　图5.37　最终设计效果

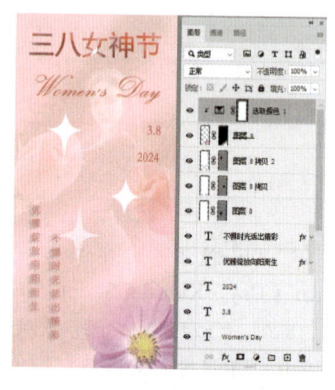

5.5 本章小结

本章首先介绍了通道的知识，包括颜色通道、Alpha 通道和专色通道；然后介绍了不同形式的蒙版，包括快速蒙版、图层蒙版、剪贴蒙版和矢量蒙版。通道与蒙版是密切相关的，在编辑蒙版时会使用通道的功能。灵活使用通道和蒙版技术，可以产生许多富于变化的选区，制作各种特殊效果的图像。

5.6 课后习题

1. 填空题

（1）按住 _____ 组合键单击通道，可以将当前通道的选区增加到原有选区中。
（2）按住 _____ 键单击蒙版缩览图，可以调出蒙版选区。
（3）按住 _____ 键单击蒙版缩览图，可以在图像窗口中编辑蒙版。
（4）按住 _____ 键单击蒙版缩览图，可以禁用蒙版。

2. 选择题

（1）下面是对通道功能的描述，其中错误的是 _____。
　　A. 可以保存颜色数据　　　　　　　　B. 可以保存蒙版
　　C. 可以建立 Alpha 和专色通道　　　　D. 可以保存快速蒙版
（2）要新建一个专色通道，可以通过 _____ 完成。
　　A. 单击"创建新通道"按钮　　　　　B. 选择"新建通道"命令
　　C. 按 Ctrl 键单击"创建新通道"按钮　D. 按 Alt 键单击"创建新通道"按钮
（3）要将通道中的图像内容转换为选区，可以 _____。
　　A. 按 Ctrl 键单击通道缩览图　　　　　B. 按 Shift 键单击通道缩览图
　　C. 按 Alt 键单击通道缩览图　　　　　D. 以上都不对
（4）下面是有关删除通道的操作描述，_____ 是错误的。
　　A. 单击"删除当前通道"按钮
　　B. 用鼠标拖动通道到"删除当前通道"按钮上
　　C. 主通道（如 RGB、CMYK）不能删除
　　D. 删除原色通道，图像模式将变为灰度模式

3. 判断题

（1）使用 Alpha 通道可将选区保存为 8 位灰度图像。　　　　　　　　　　　　（　　）
（2）合并通道时，各源文件的分辨率和尺寸必须相同，否则不能进行合并。（　　）
（3）在"新建专色通道"对话框中，"密度"文本框用于在屏幕上显示模拟打印后的效果，对实际打印输出会产生影响。　　　　　　　　　　　　　　　　　　　　　　（　　）
（4）用户在快速蒙版编辑模式下创建的快速蒙版是一个临时蒙版，一旦单击"标准编辑"按钮切换为标准模式后，快速蒙版就会马上消失。　　　　　　　　　　　　（　　）

4. 简答题

（1）通道的功能是什么？

（2）蒙版的作用是什么？有哪几种创建蒙版的方法？

5. 上机练习

（1）打开练习素材（位置：案例与素材 \5\ 上机练习素材 \1.png、2.png），使用矢量蒙版设计图5.38所示的效果。提示，可以使用自定形状工具，在选项栏中选择骆驼形状。

（2）打开练习素材（位置：案例与素材 \5\ 上机练习素材 \ 水果 \），把多幅水果图像复制到文档中，使用剪贴蒙版设计一个水果拼盘，效果如图 5.39 所示。

图5.38　练习效果（1）　　　　　　　　图5.39　练习效果（2）

绘　图　　　　　　　　第 6 章

🔊 学习目标

- 了解颜色的基本概念。
- 能够选取前景色和背景色。
- 使用命令和工具填充单色或渐变色。
- 正确设置画笔及绘图工具选项。
- 熟练使用常用画笔工具。

颜色是图像中最本质的信息，在绘图之前必须选取适当的颜色。Photoshop 具有强大的绘图功能，提供了丰富的绘图工具，如画笔、铅笔、图章、橡皮擦等。这些绘图工具有许多共同的选项和相同的用法，它们不仅可以用于绘图，还可以修饰图像、编辑蒙版、调色等。

6.1 认识颜色

颜色分为无彩色和有彩色两大类。无彩色是指黑色、白色以及各种明度的灰色；有彩色是指红色、橙色、黄色、绿色、青色、蓝色、紫色七种原色，以及由它们混合而成的各种中间色。

1. 颜色三要素

颜色是人对光的一种视觉效应，它包含3个基本特性：色相、饱和度和明度。

- **色相**是指色彩的相貌，由颜色名标识。光由红、橙、黄、绿、青、蓝、紫七种颜色组成，这些颜色是基本色相。由基本色相按不同比例混合会产生更多的中间色，如图6.1所示。

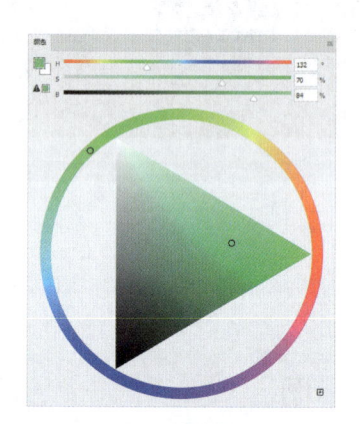

（a）基本色环　　　　　（b）完整色环

图 6.1　色相环谱

- **饱和度**是指颜色的纯度或鲜艳度。将一种颜色的饱和度降为0%时，则为白色；升为100%时，则为最纯的原色，如图6.2所示。

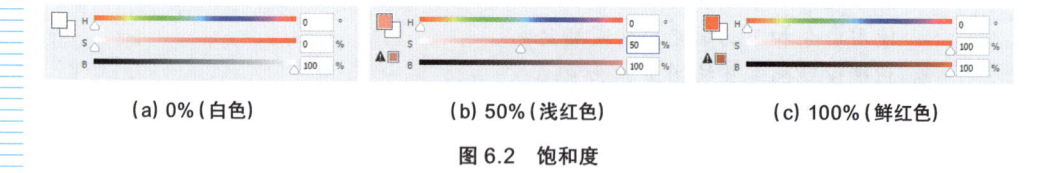

（a）0%（白色）　　（b）50%（浅红色）　　（c）100%（鲜红色）

图 6.2　饱和度

- **明度**是指颜色的明暗度。将颜色的明度降为0%时，则为黑色；升为100%时，则为最亮的颜色，如图6.3所示。

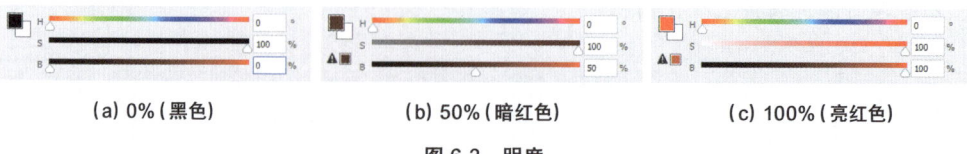

（a）0%（黑色）　　（b）50%（暗红色）　　（c）100%（亮红色）

图 6.3　明度

> ▶ 提示
>
> 有彩色具有色相、明度和饱和度 3 个基本属性，能够给人带来丰富的视觉感受；而无彩色只有明度一个属性，没有色相和饱和度的概念，只能表现明暗变化。

2. 颜色对比度

颜色之间的关系通过对比度来表示。对比度越大，两种颜色之间的反差就越大；对比度越小，两种颜色之间的反差就越小，颜色越相近，如图 6.4 所示。当对比度增加到极限时，图像会变成黑白两色；当对比度减小到极限时，图像会变成灰色的底图。

(a) 对比度弱　　　　　　　　　　(b) 对比度强

图 6.4　对比度比较

在光学上，当两种色光以适当的比例混合能够产生白光时，则这两种颜色为互补色。在 24 色相环上相距 120°～180° 之间的两种颜色为互补色，如绿色和洋红色、黄色和蓝色、红色和青色。在 Photoshop 色彩平衡命令中，左侧色彩三原色（青色、洋红色、黄色）与右侧色光三原色（红色、绿色、蓝色）为互补色。互补色放在一起将产生强烈的对比效果，会让画面更有活力。

3. 颜色模式

颜色模式决定了图像的存储和显示方式，包含颜色数量、通道数量、文件大小、具备的功能等。常用颜色模式介绍如下。

- RGB 模式：由红光、绿光和蓝光三种原色光叠加生成。三种原色占比不同，可以混合生成 1670 万种颜色，即所谓的真彩色。
- CMYK 模式：印刷颜色模式。由分色印刷的四种油墨（青色、洋红色、黄色、黑色）混合而成。当所有的油墨混在一起时为纯黑色，减少油墨可以生成不同的色彩，没有油墨时则为白色。
- 位图模式：仅包含黑色和白色两种颜色。将一幅彩色图像转换为黑白图像时，必须先转换为灰度模式，然后再转换为只有黑白两色的位图模式。
- 灰度模式：包含 256 种灰色调，只能表现单色调的黑白图像。
- Lab 模式：由 3 个分量来表示颜色。其中，L 表示亮度（0～100），a 表示绿到红的光谱变化（-120～120），b 表示蓝到黄的光谱变化（-120～120）。该模式能够包含最广泛的色彩范围，可以毫无偏差地在不同系统和平台之间进行交换。
- HSB 模式：基于人的直觉的颜色模式，由 3 个基本特征组成。其中，H 表示色相

（0°～360°），S 表示饱和度（0%～100%，0% 时为灰色，100% 时为纯色），B 表示明度（0%～100%，0% 时为黑色，100% 时为最亮色）。

- 多通道模式：常作为通道拆分与合并的中间过渡模式，主要用途是特殊印刷。通过专色通道可以组合出各种不同的特殊效果。
- 双色调模式：用两种油墨打印的灰度图像。黑色油墨用于暗调部分，灰色油墨用于中间调和高光部分。
- 索引色模式：GIF 格式文件默认颜色模式，它根据图像像素统计选出 256 种使用最多的颜色放在颜色表中。对于颜色表以外的颜色，选取与颜色表中已有最相近的颜色或使用已有颜色模拟该种颜色。这种模式的图像比 RGB 模式的图像文件小得多。

> ▶ 提示
>
> 在"图像|模式"子菜单中选择一种命令，可以将当前图像转换为指定模式的图像。

6.2　设置和填充颜色

6.2.1　设置前景色和背景色

在 Photoshop 中，主要通过工具箱中的前景色和背景色色框来选取颜色，选择后的颜色将显示在这两个颜色框中，如图 6.5 所示。

扫一扫，看视频

前景色　　切换前景色与背景色
默认前景色与背景色　　背景色

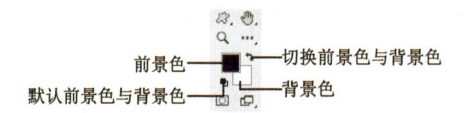

图 6.5　前景色和背景色

- 前景色：用于显示和选取当前绘图工具所使用的颜色。单击前景色色框，打开"拾色器"对话框，可以从中选取颜色。此时鼠标光标显示为吸管形状，可以在图像窗口或者其他颜色面板中单击选取一种颜色。
- 背景色：用于显示和选取图像的底色。选取背景色后，并不会立即改变图像的背景色，只有在使用有关工具或命令时才会依照背景色的设定来改变图像的背景色。操作方法与前景色相同。
- 切换前景色与背景色：单击该图标或按 X 键，可以切换前景色与背景色。
- 默认前景色与背景色：单击该图标或按 D 键，可以恢复前景色为黑色、背景色为白色。

> ▶ 提示
>
> 各种绘画类工具、填色命令都会用到前景色；而"橡皮擦工具"会使用背景色填充擦除区域，扩大画布后也会使用背景色填充新增区域。

6.2.2 使用"颜色"面板

在工具箱中单击前景色色框或背景色色框，都可以打开"拾色器"对话框，在此可以使用鼠标或键盘设定选取颜色，如图 6.6(a) 所示。

选择"窗口|颜色"命令，打开"颜色"面板，如图 6.6(b) 所示。在该面板菜单中可以选择不同的颜色模式，这样可以根据使用习惯和行业用途分类选色，以提升选色的精度和速度。

选择"窗口|色板"命令，打开"色板"面板，如图 6.6(c) 所示。在该面板中可以选取预设好的各种颜色，也可以把常用颜色或经典颜色保存在此以作备用。

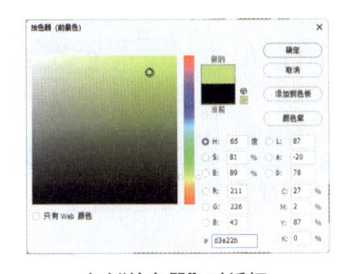

(a)"拾色器"对话框　　　　(b)"颜色"面板　　　　(c)"色板"面板

图 6.6　"拾色器"对话框和面板

6.2.3 使用"吸管工具"选取颜色

"吸管工具"可以在图像区域进行颜色的采样，并用采样颜色重新定义前景色或背景色。当需要一种颜色时，如果要求不是太高，可以使用"吸管工具"完成。

【操作方法】在工具箱中选择"吸管工具"（ ∕ ）后，在图像上单击所需选择的颜色，就完成了前景色取色工作，如图 6.7 所示。

图 6.7　使用"吸管工具"取色

另外，也可以单击各种颜色面板，精准选取颜色。

在工具选项栏中可以设置以下 3 个选项。

- 取样大小：其中"取样点"为默认设置，表示选取颜色精确到 1 像素，单击的位置即为当前选取的颜色。其他选项表示以 n 像素 ×n 像素的平均值来选取颜色，如图 6.8 所示。

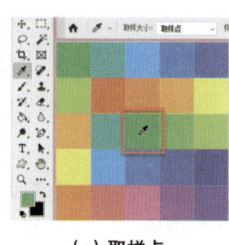

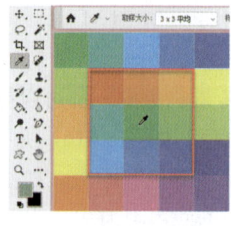

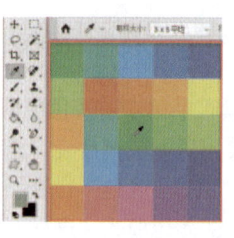

(a) 取样点　　　　　　(b) 3×3 平均　　　　　　(c) 5×5 平均

图 6.8　取样大小的比较

- 样本：设置在当前图层或在所有图层中进行取样。
- 显示取样环：勾选该复选框，在单击取色时会显示取样环，如图 6.9 所示。其中，内环上半部分为当前色；下半部分为上一次的前景色。

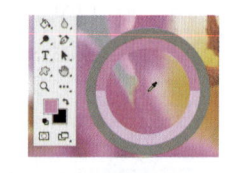

图 6.9　"吸管工具"的取样环

▶ 提示

使用"吸管工具"选取颜色时，按 Alt 键单击可以选择背景色。

▶ 试一试

在工具箱中选择"颜色取样器工具"（ ），可以帮助定位查看图像窗口中任一位置的颜色信息。

6.2.4　填充单色

扫一扫，看视频

1. 使用"填充"命令

选择"编辑 | 填充"命令，或按 Shift+F5 组合键，可以快速为当前图层或者选区填充颜色。颜色可以为前景色、背景色、特定颜色，或者在"拾色器"对话框中选择，如图 6.10 所示。

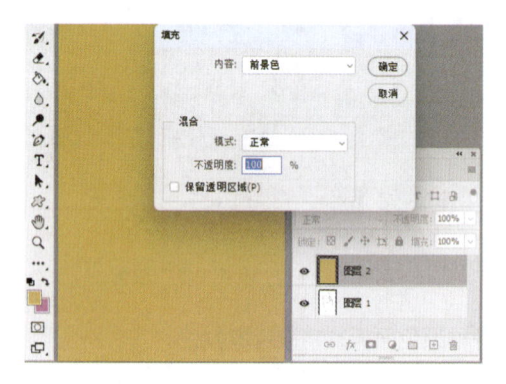

图 6.10　使用"填充"命令填充单色

在"填充"对话框中还可以设置颜色混合模式，即填充颜色与图层现有颜色混合的方式，以及填充颜色的不透明度、是否填充透明区域等。

> ▶ 技巧
>
> 按 Alt+Delete 组合键，可以使用前景色快速填充图层或选区；按 Ctrl+Delete 组合键，可以使用背景色快速填充图层或选区。

2. 使用"油漆桶工具"

"油漆桶工具"（ ）可以快速填充颜色，其只对图像中颜色相近的区域进行填充。在填充时会先对单击处的颜色进行取样，确定要填充颜色的范围。实际上，"油漆桶工具"是"魔棒工具"和"填充"命令功能的结合。

>【操作方法】①在填充颜色之前，先选定前景色；②在工具箱中选择"油漆桶工具"（ ），在工具选项栏中设置"容差"等选项；③在图像中单击填充前景色，如图 6.11 所示。如果选取了范围，则填充颜色时会被固定在选取范围之内。

图 6.11 使用"油漆桶工具"填充单色

"油漆桶工具"的选项与"魔棒工具"的选项相似，简单介绍如下。
- 前景：在这里可以选择使用前景色填充还是图案填充。
- 模式：设置填充颜色与图像中颜色的混合模式，与"填充"命令中的"模式"选项功能相同。
- 不透明度：设置填充颜色的不透明度。
- 所有图层：勾选该复选框，将对所有图层中的颜色进行取样并填充。

6.2.5 填充渐变色

使用"渐变工具"（ ）可以为图层、蒙版或选区填充渐变色。

扫一扫，看视频

>【操作方法】①在工具箱中选择"渐变工具"（ ）；②在选项栏中选择渐变样式，设置渐变参数；③移动鼠标指针至图像中，按下鼠标左键并拖动，当拖动至另一位置后放开鼠标，即可在图像或选区中填入渐变颜色，如图 6.12 所示。

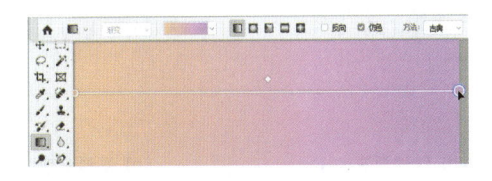

图 6.12 使用"渐变工具"

109

图 6.12 中的直线用于表示填充渐变色时的方向和长度,而不是填充的效果。

> ▶ 技巧
>
> 拖动鼠标填充颜色时,若按 Shift 键,则可以按 45°、水平或垂直的方向填充颜色。此外,拖动鼠标填充颜色时的距离越长,两种颜色间的过渡效果就越平顺。拖动鼠标的方向不同,其填充后的效果也不一样。

"渐变工具"选项栏中各主要选项说明如下。

- 选择和管理渐变预设（　　　）：在此面板中可以显示预设渐变的效果。单击右侧的下三角按钮,打开"选择和管理渐变预设"面板,如图 6.13 所示。在该面板中可以选择一种渐变样式进行填充。例如,选择 （即"基础"分类中的第 2 个）方式填充,则可以产生从前景色到透明的渐变效果。注意,使用"基础"分类中的前面两种方式进行填充时,需要先选择前景色或背景色。

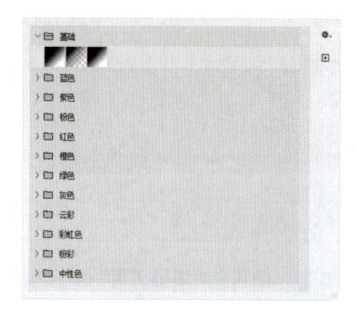

图 6.13 "选择和管理渐变预设"面板

- 渐变样式：Photoshop 提供五种渐变样式。单击"线性渐变"按钮（　），可以填充从起点到终点的直线渐变；单击"径向渐变"按钮（　），可以填充从中心点到外边缘的圆形渐变；单击"角度渐变"按钮（　），可以填充逆时针扫描形式的渐变；单击"对称渐变"按钮（　），可以填充以起点为中线的两侧镜像对称的渐变；单击"菱形渐变"按钮（　），可以填充菱形渐变。渐变样式如图 6.14 所示。

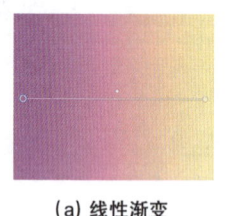

(a) 线性渐变 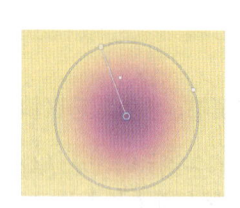　　(b) 径向渐变 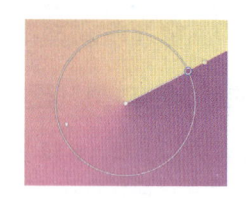　　(c) 角度渐变

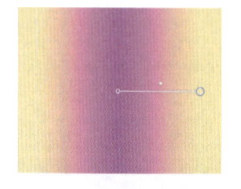

(d) 对称渐变 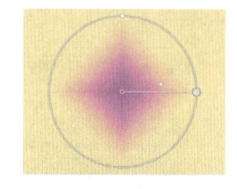　　(e) 菱形渐变

图 6.14 渐变样式

- 反向：勾选该复选框，填充后的渐变颜色与预设渐变颜色相反。
- 仿色：勾选该复选框，可以使用递色法表现中间色调，使渐变效果更加平顺。
- 方法：选择一种渐变差值的方法，使颜色更接近自然光显示的渐变效果。

应用渐变之后，在"图层"面板中会自动添加一个渐变填充图层，选中该图层可以在图像窗口中再次编辑渐变。双击渐变填充缩览图，可以打开"渐变填充"对话框。在该对话框中可以更精准地调整渐变参数，如图 6.15 所示。单击蒙版缩览图，可以编辑蒙版，绘制不需要应用渐变填充的区域，如图 6.16 所示。

(a) 渐变填充图层　　(b) "渐变填充"对话框

图 6.15　编辑渐变填充　　　　　　图 6.16　编辑蒙版区域

在"图层"面板中选中渐变填充图层后，可以在"属性"面板中设置渐变的高级选项，如图 6.17 所示。

在"属性"面板中可以编辑渐变。例如，添加更多的渐变色标，设置色标的颜色、位置和不透明度等参数，如图 6.18 所示。

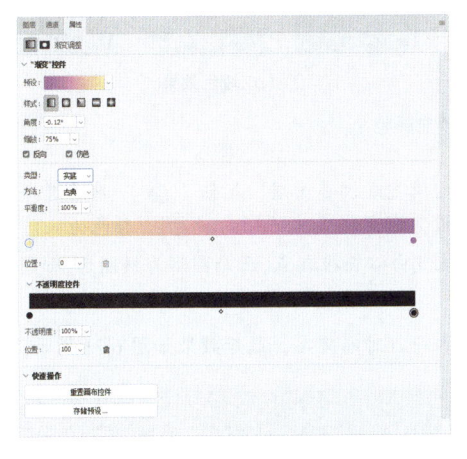

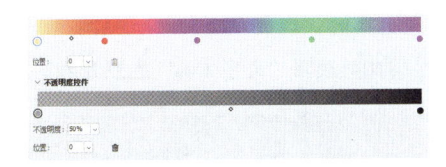

图 6.17　渐变的"属性"面板　　　　图 6.18　添加色标及其参数

【操作方法】移动鼠标指针到渐变颜色条下方，当鼠标指针变为形状时，单击可以添加色标；双击色标，可以打开"拾色器"对话框，设置色标的颜色；左右拖动可以移动色标位置，或在"位置"文本框中精确设置；向外拖动色标，可以删除；左右拖动图标，可以调整渐变颜色的分布；在"不透明度控件"中可以设置渐变的不透明度，包括位置和不透明度值，操作方法与渐变颜色条的方法相同。

111

> ▶ 提示
>
> 一个经典的渐变颜色总是来之不易的,设置完毕,可以单击"属性"面板底部的"存储预设"按钮,将渐变颜色存储到渐变预设面板中。

6.2.6 课堂案例：设计怀旧照片

■ 案例位置：案例与素材 \6\6.2.6\demo.psd
■ 素材位置：案例与素材 \6\6.2.6\1.png

本案例使用单色填充和渐变填充来模拟怀旧老照片的效果。

【操作步骤】

步骤 01 打开素材文件（1.png），在工具箱中设置前景色为土黄色（#bda56c）。

步骤 02 在"图层"面板中新建图层，按 Alt+Delete 组合键,使用前景色填充新图层,设置图层混合模式为"颜色",不透明度为 70%,效果如图 6.19 所示。

(a) 原图 　　　　　　　　　　　(b) 填色效果

图 6.19 填充颜色

步骤 03 在"图层"面板底部单击"创建新的填充或调整图层"按钮（ ），然后选择"渐变填充"命令，新建渐变填充图层。在选项栏中设置渐变样式为"径向渐变"，颜色为从前景色到透明色。然后在图像窗口中绘制一个圆形，向下拖曳白心圆控制点,压扁圆形为椭圆形,如图 6.20 所示。

步骤 04 使用"文字工具"在照片右下角输入一行时间文字，最后效果如图 6.21 所示。

图 6.20 填充渐变色 　　　　　　图 6.21 输入文字

6.3 设置画笔

Photoshop 提供了大量画笔工具，如画笔、铅笔、颜色替换、混合器画笔、仿制图章、图案图章、历史记录画笔、历史记录艺术画笔、橡皮擦、背景橡皮擦、魔术橡皮擦、模糊、锐化、涂抹、加深、减淡、海绵等。这些工具的用途各有侧重，但都有相同的特点和基本用法。

6.3.1 认识画笔笔尖

Photoshop 画笔笔尖有五种形式。
- 圆形笔尖：形状为圆形，可以压扁或旋转。
- 图像样本笔尖：用于绘制图章。
- 硬毛刷笔尖：类似传统的毛刷，用于绘制水彩画和油画等。
- 侵蚀笔尖：模拟磨损笔迹，类似于铅笔和蜡笔。
- 喷枪笔尖：用于喷洒涂料。

选择"窗口 | 画笔设置"命令，打开"画笔设置"面板，在左侧选择"画笔笔尖形状"选项，在右侧可以看到不同的笔尖形状，如图 6.22 所示。

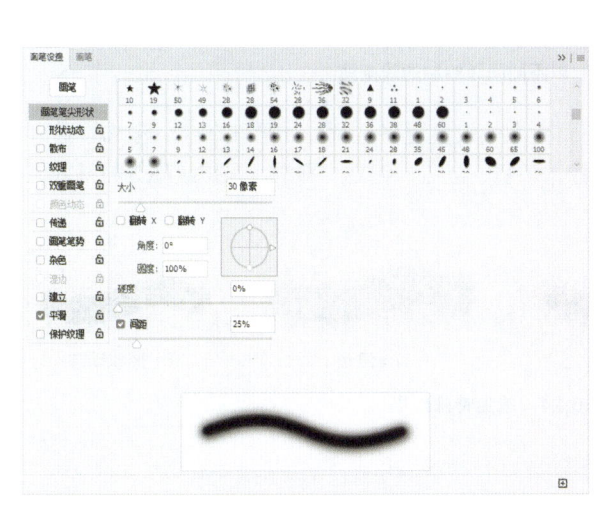

(a) "画笔设置"面板　　(b) 笔尖列表

图 6.22　笔尖种类

6.3.2 画笔设置

不管是新建画笔，还是预设画笔，其画笔直径、间距和硬度等不一定符合绘画的需求，所以需要对已有的画笔进行设置。

【操作方法】①在工具箱中选择一种画笔工具，打开"画笔设置"面板；②在面板左侧选项列表中选择"画笔笔尖形状"选项；③在面板右侧上方选择一种笔尖样式；④可以根据需要在面板右侧下方设置画笔的直径、硬度、间距、角度和圆度等基本参数。

- 大小：定义画笔直径大小。可在文本框中输入数值，或直接用鼠标拖动滑块调整。
- 如果勾选"翻转 X"或"翻转 Y"复选框，则画笔效果会自动进行 X 轴或 Y 轴方向翻转，其效果将显示在面板的缩览图中。
- 角度：如果笔尖不是圆形，则可以设置笔尖的姿势。可以在文本框中输入 -180°～180° 的数值进行指定，或者用鼠标拖动其右侧框中的箭头进行调整。
- 圆度：控制椭圆形笔尖长轴和短轴的比例，即设置笔尖是浑圆还是扁窄形状。
- 硬度：定义画笔边界的柔和程度。变化范围为 0%～100%。该值越小，画笔越柔和。
- 间距：控制绘画时两个绘制点之间的中心距离。变化范围为 1%～1000%。数值为 25% 时，能绘制比较平滑的线条；数值为 200% 时，能绘制断断续续的圆点，如图 6.23 所示。

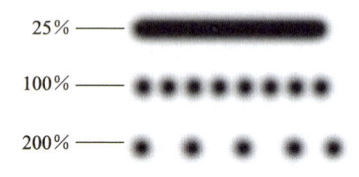

图 6.23 以不同间距绘制的线条图

除了上述基本参数外，还可以在面板左侧设置更多选项，如形状动态、散布、纹理、双重画笔、颜色动态、传递、画笔笔势、杂色、湿边、建立、平滑、保护纹理等特殊效果，如图 6.24 所示。

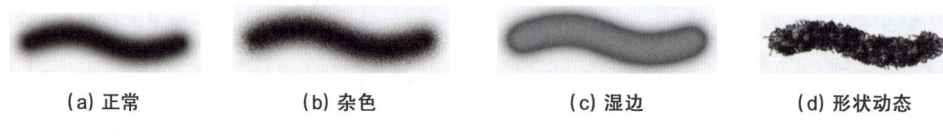

(a) 正常　　　　(b) 杂色　　　　(c) 湿边　　　　(d) 形状动态

图 6.24 笔尖特殊效果

以上各选项具体说明如下。

- 形状动态：使画笔的大小、圆度等参数产生随机变化。
- 散布：可以绘制随机分布效果。
- 纹理：利用图案使描边看起来像是在带纹理的画布上绘制的。
- 双重画笔：组合两个笔尖创建画笔笔迹。在主画笔的基础上添加次画笔形成一种新的形状，并且可以调节次画笔的大小、间距、散布和数量等。
- 颜色动态：可以调节前景/背景抖动、色相抖动、保护度抖动、亮度抖动、纯度等，得到不同的颜色效果。
- 传递：调节画笔的不透明度和流量。不透明度抖动可以绘制颜色深度不均的效果；

流量抖动可以绘制颜色油墨轻重不均的效果。
- 画笔笔势：可以改变画笔的着力方向以及绘制效果，也可以调节压力得到绘制时力度轻重不同而效果不同的效果。
- 杂色：可以绘制出边缘带有颗粒杂色的效果。
- 湿边：可以绘制出油墨加水后的效果。
- 建立：可以得到和喷枪一样的效果。
- 平滑：绘制时拐角处会更加平滑。
- 保护纹理：图像用第一种纹理绘制后再重新选择一种纹理，绘制时还是第一种纹理，因为它被保护了。

6.3.3 课堂案例：自定义画笔

案例位置：案例与素材 \6\6.3.3\demo.psd
本案例练习制作符合个人绘画需要的画笔。

【操作步骤】

步骤 01 在工具箱中选择一款画笔工具，如画笔。

步骤 02 打开"画笔设置"面板，在左侧选择"画笔笔尖形状"选项。在面板右侧上方选择一种笔尖样式：沙丘草（112）。在下方设置基本参数："大小"为 24 像素、"角度"为 86°、"圆度"为 100%、"间距"为 189%，如图 6.25 所示。

步骤 03 单击面板底部的"创建新画笔"按钮（ ），在打开的"新建画笔"对话框中输入画笔的名称，勾选下面 3 个复选框，单击"确定"按钮保存画笔，如图 6.26 所示。

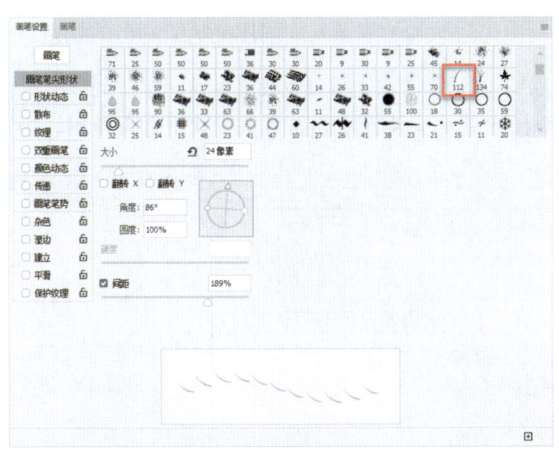

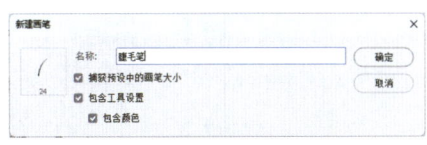

图 6.25 设置画笔参数　　　　图 6.26 "新建画笔"对话框

步骤 04 在"画笔预设"面板中可以看到保存的画笔，如图 6.27 所示，此时就可以使用这个定制的画笔。为了便于日后使用，或者在其他计算机中使用，选中该画笔，单击"画笔预设"面板菜单按钮，从中选择"导出选中的画笔"命令，在打开的对话框中输入名称（睫毛笔.abr），保存即可。

> ▶ 试一试
>
> 选择一个对象，然后选择"编辑|定义画笔预设"命令，可以将选中的对象设置为画笔，如图6.28所示。

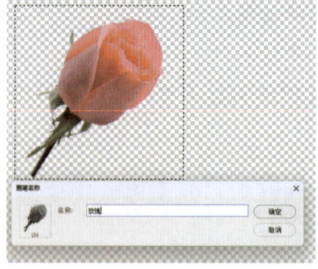

图 6.27　自定义画笔

图 6.28　保存选中对象为画笔

6.4　使用画笔工具

Photoshop画笔工具主要包括画笔工具和铅笔工具，这两个工具各有所长，相互补充，偶尔也可以相互替换。另外，图章工具也是一种特殊的画笔工具，能绘制出各种特殊效果。

6.4.1　画笔工具

画笔工具（ ）可以绘制出比较柔和的线条，如同用毛笔绘制出的线条。

【操作方法】①在工具箱中选择"画笔工具"（ ）；②在选项栏中设置不透明度、混合模式和流量等选项，可以结合"画笔设置"面板完成更多设置；③在图像窗口中自由绘图，如图6.29所示。

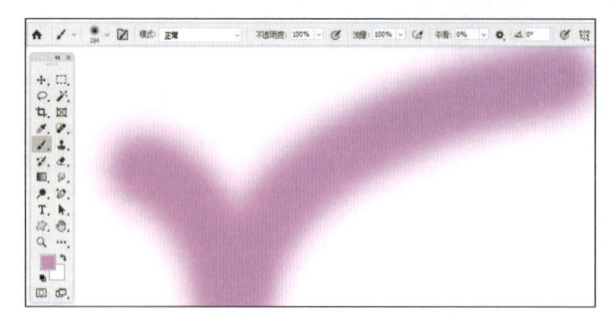

图 6.29　使用"画笔工具"

下面介绍"画笔工具"选项栏的主要选项。

- 模式：控制画笔颜色与图层中下方原有颜色的混合模式，如图6.30所示。详细说明可参考3.4.4小节的图层混合模式的介绍。

116

(a) 正常模式　　　　　　　　(b) 颜色模式

图 6.30　画笔混合模式

- 不透明度：设置画笔颜色的不透明度。数值越小，其透明程度越大，越能够透出下方图像。
- 流量：设置画笔颜色的浓度比率。流量值越小，其颜色越浅，反之颜色越深。
- 喷枪：单击可以开启喷枪功能，此时按住鼠标左键不放，时间越久，堆积的颜色就越多。开启喷枪功能前后的对比如图 6.31 所示。

(a) 没有开启　　(b) 开启

图 6.31　开启喷枪功能前后的对比

- 角度：调整非圆形笔尖的角度。
- 绘图板压力按钮（ ）：单击该按钮，使用绘图板时，光笔压力可覆盖"画笔"面板中的不透明度和大小设置。
- 设置绘画的对称项（ ）：单击该按钮，打开下拉列表，可以选择一种绘画类型来绘制对称图像，如人脸、建筑等。

6.4.2　铅笔工具

铅笔工具（ ）常用来绘制一些棱角较为突出的线条，如同用铅笔绘制的图形一样。它的使用方法与"画笔工具"类似，使用鼠标单击或拖动即可绘制图形，如图 6.32 所示。

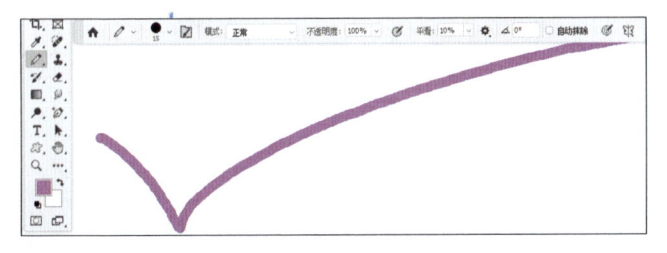

图 6.32　使用"铅笔工具"

▶ 提示

当选择"铅笔工具"时,画笔预设中都将显示为硬边,因此使用铅笔绘制出来的直线或线段都是硬边的。

"铅笔工具"可以设置不透明度和颜色混合模式等选项。除了常规选项外,勾选"自动抹除"复选框,可以实现擦除功能,即会自动抹除前景色并填入背景色。单击起点的区域颜色必须与前景色相同。

【案例】使用自动抹除方式绘制图形。

步骤 01 使用"画笔工具"绘制一个"口"字形,颜色为纯红色。

步骤 02 选择"铅笔工具",在工具栏中勾选"自动抹除"复选框。

步骤 03 设置前景色为纯红色,背景色为白色。按图 6.33 所示的两种方式进行绘制,绘制出的效果不一样。

图 6.33 使用"自动抹除"方式绘制

6.4.3 图章工具

图章工具分为两类:仿制图章工具（ ![] ）和图案图章工具（ ![] ）。仿制图章工具能够将一幅图像的全部或部分内容复制到同一幅图像或其他图像中;图案图章工具可以将自定义的图案内容复制到同一幅图像或其他图像中。

✵【操作步骤】

步骤 01 在工具箱中选择"仿制图章工具",此时将鼠标指针移到图像窗口中,会变成图章的形状。然后按住 Alt 键在图像中单击取样。按下 Alt 键后,鼠标指针变成⊕形状。

步骤 02 取样复制后的内容会被存放到 Photoshop 的剪贴板中,接着需要进行粘贴的操作。将鼠标指针移到当前图像或另一幅图像中单击,或者拖动鼠标即可完成,如图 6.34 所示。

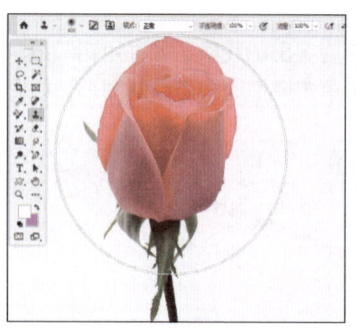

(a) 复制图像　　　(b) 粘贴图像

图 6.34 使用"仿制图章工具"

主要选项说明如下。
- 样本：设置取样的图层，默认只对当前图层取样。
- 对齐：勾选该复选框，则在绘制图形时，不论中间停止多长时间，在下一次复制图像时都不会间断图像的连续性。

▶ 注意

使用"仿制图章工具"进行复制时，在取样的图像上会出现一个十字线标记，说明当前正应用取样的原图部分。

"图案图章工具"的功能和使用方法类似于"仿制图章工具"，但取样方式不同。在使用此工具之前，要先定义一个图案，然后才能使用其在图像窗口中拖动复制图案。

6.4.4 橡皮擦工具

橡皮擦工具（ ）可以擦除图像颜色，替换为背景色或透明色。如果正在背景中或已锁定透明度的图层中工作，则像素将替换为背景色；否则，像素将被替换为透明色。

背景橡皮擦工具也可以擦除图像颜色，但是它仅根据采样的颜色进行有针对性的擦除，采样方式包括连续、一次和背景色板，具体说明可参考 7.2.3 小节内容。在擦除颜色后不会填充背景色，而是将擦除的内容变为透明。如果所擦除的是背景层，则自动将背景层变为透明层。

魔术橡皮擦工具也可以擦除图像颜色，还可以擦除一定容差范围内的相邻颜色。擦除颜色后不会填充背景色，也会变成透明层，如图 6.35 所示。

(a) 原图　　　　　　　　　(b) 擦除效果

图 6.35　使用"魔术橡皮擦工具"

6.4.5 课堂案例：修睫毛

■ 案例位置：案例与素材 \6\6.4.5\demo.psd
■ 素材位置：案例与素材 \6\6.4.5\1.jpg

本案例使用画笔工具为美女绘制长睫毛。

🔧【操作步骤】

步骤 01 打开素材文件（1.jpg），新建图层。在工具箱中选择"画笔工具"，在选项栏中的

119

画笔预设面板中选择6.3.3小节中自定义的"睫毛笔"画笔。

步骤 02 使用画笔在右眼眼角单击,绘制睫毛,如图6.36所示。

步骤 03 在选项栏中单击"切换画笔设置面板"按钮( ),打开"画笔设置"面板。在"画笔笔尖形状"选项中设置笔尖的大小和角度,然后绘制第2根睫毛。绘制时应注意角度、大小和密度的协调,如图6.37所示。

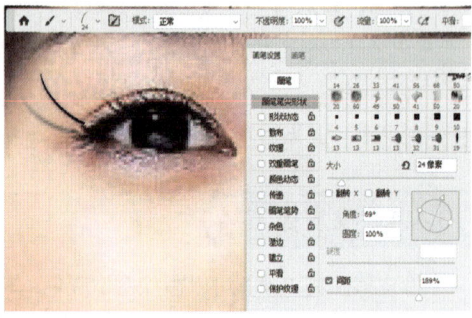

图6.36 绘制睫毛　　　　　　图6.37 调整角度绘制第2根睫毛

步骤 04 由于睫毛长度、角度和疏密等状态是不同的,可根据个人主观喜好进行调节,绘制完成的右眼睫毛效果如图6.38所示。复制图层1,做好备份工作,然后在工具箱中选择"橡皮擦工具"适当修剪睫毛的长短,使其看起来更合适。"橡皮擦工具"的不透明度可以设置得低一点,避免擦除效果太生硬。

步骤 05 把所有绘画图层放入一组,根据喜好可以酌情调整图层组的不透明度(如90%),并适当降低睫毛的浓度。最终效果如图6.39所示。

图6.38 绘制完成的右眼睫毛效果　　　　　　图6.39 最终效果

6.5　本章小结

本章首先了解了图像颜色的基本知识;然后介绍如何快速地选取颜色和填充颜色;接着详细讲解了画笔设置相关操作;最后介绍了常用画笔工具,如画笔、铅笔、图章、橡皮擦等。

通过本章的学习，读者能够初步掌握绘图工具的使用方法，能够正确使用颜色、设置画笔，掌握基本绘画技能。

6.6 课后习题

1. 填空题

（1）按 _____ 键可以将前景色设置为默认的黑色；按 _____ 键可以将前景色和背景色相互置换。

（2）_____ 是一种印刷模式，由分色印刷的 _____、_____、_____、_____ 四种油墨组成。

（3）"拾色器"对话框中的 图标表示 _____，而 图标表示 _____。

（4）要显示"画笔设置"面板，可以按 _____ 键，或者选择"窗口"菜单中的 _____ 命令。

（5）可以保存"画笔设置"面板中的设置，保存后的文件扩展名为 _____。

2. 选择题

（1）下面说法错误的是 _____。
　　A. RGB 模式是常用颜色模式，由红、绿和蓝三种原色组合而成
　　B. CMYK 模式是印刷模式，由分色印刷的青色、洋红色、黄色、黑色组成
　　C. 灰度模式可以表现 256 种色调
　　D. Lab 模式中的 L 表示亮度

（2）下面关于使用"吸管工具"选取颜色的操作，_____ 是错误的。
　　A. 在图像窗口中单击　　　　　　　　B. 在"颜色"面板的控制条上单击
　　C. 在"导航器"面板的预览缩览图中单击　D. 在"色板"面板上单击

（3）HSB 模式中的 H 代表的是 _____。
　　A. 色相　　　B. 饱和度　　　C. 明度　　　D. 以上都不对

（4）使用"背景橡皮擦工具"擦除图像后，其背景将变为 _____。
　　A. 透明色　　B. 白色　　　C. 背景色　　　D. 以上都不对

（5）下面的 _____ 工具不能设定不透明度。
　　A. 铅笔工具　B. 画笔工具　C. 橡皮擦工具　D. 背景橡皮擦工具

3. 判断题

（1）任何一种颜色模式都可以转换为位图模式。　　　　　　　　　　　　　（　　）
（2）使用"吸管工具"选取颜色时，按 Alt 键单击图像窗口中的颜色可以选取背景色。
　　　　　　　　　　　　　　　　　　　　　　　　　　　　　　　　　（　　）
（3）将灰度图像转换为位图图像后再转换为灰度图像，能再次显示原来图像的效果。（　　）
（4）自定义画笔时选取的范围必须是矩形或者椭圆形，并且不能带有羽化值。（　　）
（5）拖动鼠标填充渐变色时，若按 Shift 键，则可以按 45°、水平或垂直方向填色。（　　）

4. 简答题

（1）什么是明度、饱和度、色相和对比度？
（2）简单介绍一下 Photoshop 的色彩模式。

5. 上机练习

（1）打开一个 RGB 模式的图像，将它转换为灰度图像，然后转换为位图图像。

（2）打开"色块"面板，然后使用"吸管工具"在图像中选取一种颜色并添加到色板中。使用"颜色取样器工具"进行定点取样，最后打开"信息"面板查看取样点的颜色值。

（3）练习使用"画笔工具"绘制对称花纹。

【操作方法】①选择画笔工具，在选项栏中设置硬边圆笔尖、大小为 10 像素；②单击"设置绘画的对称项"按钮（ ），在下拉列表中选择一种样式，这里选择"曼陀罗"，在打开的对话框中设置段数为 10；③新建图层，设置不同前景色，然后在 10 根参考线附近随意画几笔看看效果，参考线如图 6.40 所示。

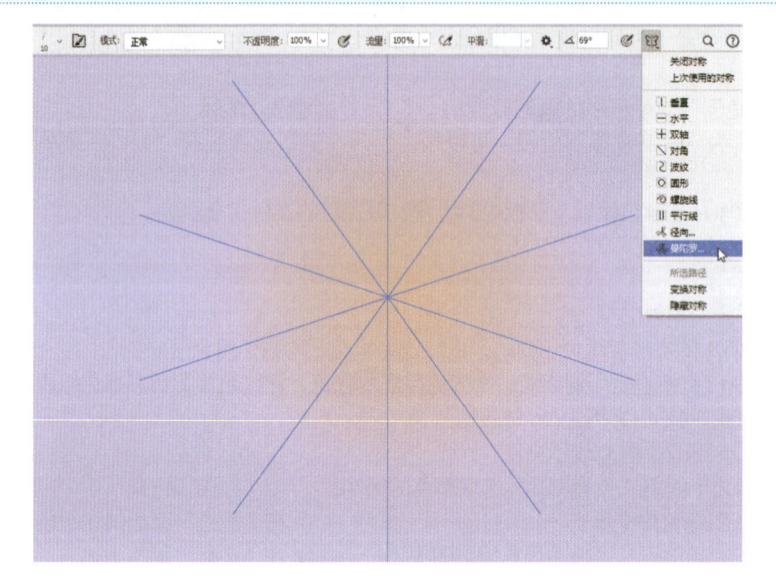

图 6.40　练习效果

图像修饰

第 7 章

📣 学习目标

● 灵活使用修复工具和图章工具。
● 灵活使用加深工具和减淡工具。

　　Photoshop 图像修饰主要包括图像修改和润饰。其中，修改主要负责修复图像破损、瑕疵等硬伤；而润饰主要是加深或减淡图像局部区域的色调。Photoshop 在工具箱中提供了四组工具供用户针对不同场景和需求进行选用。

7.1 修改工具组

修改类工具包括两组共八种工具。其中，修复工具组包括修复画笔工具、污点修复画笔工具、修补工具、内容感知移动工具、移除工具和红眼工具；图章工具组包括仿制图章工具和图案图章工具。

7.1.1 修复画笔工具

修复画笔工具（ ）用于校正瑕疵。与仿制图章工具的用法一样，修复画笔工具可以利用采样像素进行绘画，能够将采样像素的纹理、光照、透明度和阴影与所修复的像素进行匹配，从而使修复后的像素不留痕迹地融入周围的环境。

【操作方法】①在工具箱中选择"修复画笔工具"（ ），然后在选项栏中设置修复画笔工具的选项，如图 7.1 所示；②按住 Alt 键，在图像中单击，获取采样点；③松开 Alt 键，移动鼠标指针到需要修复的位置单击或拖动即可。

图 7.1 "修复画笔工具"选项栏

修复画笔工具的主要选项说明如下。

- 模式：设置修复画笔的混合模式。如果选择"替换"选项，则可以在使用柔边画笔时，保留画笔描边的边缘处的杂色、胶片颗粒和纹理，使修复效果更真实，如图 7.2 所示。

（a）原图　　　　　（b）"正常"模式替换修复　　　　　（c）"替换"模式替换修复

图 7.2 修复模式比较

- 源：设置修复操作的源。如果选择"取样"选项，则可以在当前图像中进行取样；如果选择"图案"选项，则可以在后面的图案面板中选择一种图案作为取样点，此时与图案图章工具的用途类似。
- 对齐：如果勾选该复选框，则可以连续对像素进行取样，即使释放鼠标，也不会丢失当前取样点；如果取消勾选，则每次停止并重新开始绘制时，会使最初取样点中的样本像素。
- 使用旧版：勾选该复选框，将不能设置"扩散"选项。
- 样本：设置进行取样的图层。

- 忽略调整图层：如果忽略调整图层的影响，即从调整图层以外的所有可见图层中进行取样，则可以选择"样本"选项中的"所有图层"，然后单击右侧的"忽略调整图层"按钮。
- 角度：在此文本框中可以设置画笔笔尖的姿势。

【案例】本例演示如何使用"修复画笔工具"快速清除照片中人物眼袋这类轻微的瑕疵。

素材位置：案例与素材\7\7.1.1\1.jpg、demo.psd。

步骤 01 打开素材照片，在"图层"面板中新建图层。将在新图层中完成修复操作，避免对原图像的破坏，同时可结合不透明度、图层混合模式为后续补救操作留下空间。

步骤 02 在工具箱中选择"修复画笔工具"。设置选项：大小为12像素（在设置画笔大小时，应移动鼠标光标到准备修复区域比较一下，看大小是否合适，最佳大小应该是比修复区域的稍稍小一些）；硬度为0%，避免修复时太生硬；源为"取样"；样本为"所有图层"，这样可以在新图层中修复原图像中存在的瑕疵；勾选"对齐"复选框，如果不勾选，应记住随时按住Alt键，以调整取样点位置。

步骤 03 在人物眼袋底部找好一个取样点，按住Alt键，单击确定取样点的起点位置。

步骤 04 从人物眼袋的一侧单击并按住鼠标不放进行拖曳，此时可以看到：圆圈区域为修复区域，十字形区域为动态采样区域。通过拖曳可以快速使用采样点像素的颜色信息对修复点像素进行修复，如图7.3所示。在修复过程中，可以反复来回拖曳。

(a) 原图　　(b) 修复效果

图7.3　使用"修复画笔工具"修复眼袋

▶ 建议

随时按住Alt键单击，调整取样点的位置，避免对齐采样导致取样点与修复点的反差太大，使修复效果变得很突兀。虽然可以不断地单击进行采样修复，但是由于每次单击的取样点都是固定的，这样会使修复区域保留很多边缘痕迹，修复效果不是很好，因此应坚持拖曳修复。如果修复区域比较零散，修复时可采用不断地单击采样的方式。

7.1.2　污点修复画笔工具

污点修复画笔工具（ ）可以快速修复污点、划痕和其他不想要的内容，它与修复画笔工具的工作原理相同，但是不需要采样，直接在修复区域单击或拖曳鼠标即可。

125

【操作方法】①在工具箱中选择"污点修复画笔工具"（ ），然后根据实际需要在选项栏中设置选项，如图7.4所示；②移动鼠标指针到需要修复的位置单击或拖曳。

图7.4 使用"污点修复画笔工具"

污点修复画笔工具的主要选项说明如下。

- 类型：设置采样的方式。单击"内容识别"按钮，单击需要修复的区域，Photoshop会自动在它附近取样，通过计算对其进行光线和明暗的匹配，并进行羽化融合；单击"创建纹理"按钮，将使用附近像素生成一个纹理或质感，与原始图像进行合并；单击"近似匹配"按钮，能够识别周围完好的像素进行修复，扩散的值越大，识别像素的范围就越广，如图7.5所示。

(a) 内容识别　　　　(b) 创建纹理　　　　(c) 近似匹配

图7.5 不同采样方式修复效果对比

- 对所有图层取样：勾选该复选框，采样将参考所有图层，而不仅限于当前图层。这样可以提高图像修复的准确度。

7.1.3 修补工具

修补工具（ ）可以使用其他区域或图案中的像素修复选中的区域。其工作原理与修复画笔工具相同，即将样本像素的纹理、光照和阴影与源像素进行匹配。但是与修复画笔工具操作方式不同的是，修补工具不需要按Alt键单击进行取样，而是以选区或目标区域作为取样点。这种操作方式比较灵活，适合修复大面积区域，或者修复复杂的像素，因为在操作前可以借助各种选择操作选取特定的、不规整的像素，从而使修复工具变得更加富有创意。

【操作方法】①使用选择工具或命令获取要修复的区域；②在工具箱中选择"修补工具"（ ），然后根据实际需要在选项栏中设置选项；③使用鼠标拖曳选区到目标区域，如图7.6（a）和图7.6（b）所示。

(a) 使用"对象选择工具"获取选区　　(b) 使用"源"修补　　(c) 使用"目标"修补

图7.6　使用"修补工具"

修补工具自身也可以选取范围，用法类似于套索工具。在选项栏中也可以设置选取的方式：新选区（ ）、添加到选区（ ）、从选区减去（ ）、与选区交叉（ ）。其他主要选项说明如下。

- 修补：设置修复方式，包括"正常"和"内容识别"。如果选择"正常"方式，则可以设置下面选项。
  ◆ 源：单击该按钮，则合成后的效果是将目标区域图像与选区图像进行融合。
  ◆ 目标：单击该按钮，则合成后的效果是将选区图像与目标区域图像进行融合，如图7.6（c）所示。
  ◆ 透明：勾选该复选框，将使修补的图像与原图像产生透明叠加的效果。
  ◆ 使用图案：可以使用图案修补选区内的图像。
  ◆ 扩散：控制颜色融合扩散的程度。数值越高，扩散范围越大。

如果在"修补"中选择"内容识别"方式，该方式运算会更复杂，对复杂图像的处理具有智能适应性。此时可以设置以下两个主要选项。

- 结构：调整源结构的保留程度。数值越大，选区内图像像素移动到新位置后，边缘保留源图像越清晰，边缘与新位置图像像素的对比就比较明显；数值越小，选区内图像像素移动到新位置后，边缘越能与新位置的像素产生更为自然的融合。
- 颜色：调整可修改源颜色的程度。数值越小，选区内图像像素移动到新位置后，颜色变化较小；数值越大，选区内图像像素移动到新位置后，颜色变化较大，越能与目标区域的图像像素进行融合。

7.1.4　内容感知移动工具

内容感知移动工具（ ）可以将选取的对象移动或复制到新位置，并与新位置完美混合。移除后原区域被完美修补。

【操作方法】①使用选择工具或命令获取要移动的区域；②在工具箱中选择"内容感知移动工具"（ ），然后根据需要在选项栏中设置选项；③使用鼠标拖曳选区到目标位置；④按Enter键，或者在选项栏中单击"提交"按钮（ ），如图7.7所示。

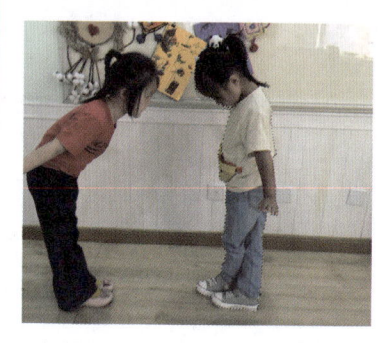

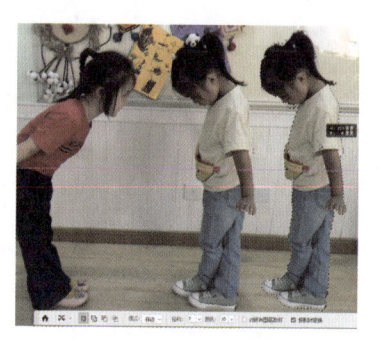

(a) 使用"对象选择工具"获取选区　　(b) 拖曳选区到目标位置　　(c) 移动效果

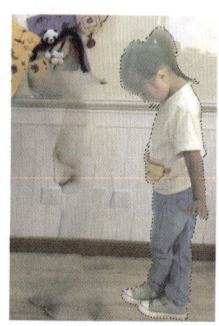

图7.7　使用"内容感知移动工具"

内容感知移动工具也可以选取范围，用法与修补工具相同，结构和颜色选项的功能与修补工具相同。其他主要选项说明如下。

- 模式：选择"移动"项，将选择的图像移动到另一个位置；选择"扩展"项，将选择的图像复制一份到另一个位置。
- 对所有图层取样：勾选该复选框后，如果当前图层有透明区域，则选取图像时会透过透明区域选取到下层的图像，进行感知移动识别后会把操作的结果反映到当前图层上；未勾选时，只会选取到当前图层的图像。
- 投影时变换：勾选该复选框后，选中的像素区域移动到另一个位置后，可对选中的图像进行缩放或者旋转操作，根据设计需要改变其大小或角度。

7.1.5　移除工具

移除工具（ ）可以快速去除图像中不需要的内容，并能够智能复原移除区域的背景。

【操作方法】①在工具箱中选择"移除工具"（ ）；②在选项栏的"大小"文本框中设置画笔大小，应略大于要修复的区域，以使用一个笔触覆盖整个区域；③使用"移除工具"涂抹要移除的区域，或在要移除的区域周围画一个圆圈，如图7.8所示。

移除工具的主要选项说明如下。

- 对所有图层取样：勾选该复选框后，将在所有可见图层中对数据进行取样。
- 每次笔触后移除：取消勾选该复选框，可以在应用填充之前允许画笔进行多次描边，适用于对大面积或复杂区域使用多个笔触。

▶ 提示

在画圆圈时，如果端点足够接近，则圆圈将自动闭合。要删除图像角落中的区域，不必圈住整个角落，只需从图像的一边刷到另一边即可。

(a) 使用"移除工具"涂抹不需要的人物　　　　　(b) 移除效果

图 7.8　使用"移除工具"

7.1.6　红眼工具

红眼工具（ ）可以快速修正由于相机闪光灯引起的红眼效果。

【操作方法】在工具箱中选择"红眼工具"（ ），只需在红眼睛上单击一次即可，如图 7.9 所示。

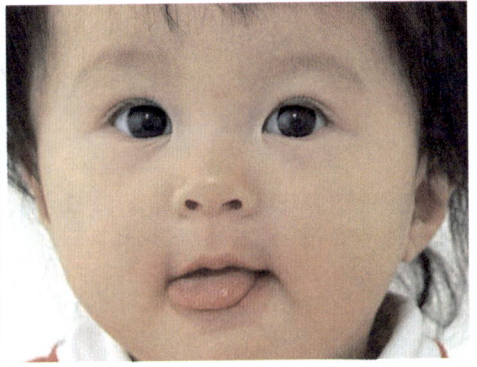

(a) 修复前　　　　　　　　　　　　　(b) 修复后

图 7.9　使用"红眼工具"

红眼工具的主要选项说明如下。
- 瞳孔大小：设置瞳孔大小。
- 变暗量：设置瞳孔加黑程度。

7.1.7　课堂案例：清除照片中的局部人物

案例位置：案例与素材 \7\7.1.7\demo.psd
素材位置：案例与素材 \7\7.1.7\1.png

本案例配合使用"移除工具"和"仿制图章工具"清除照片中的局部人物。

✶【操作步骤】

步骤 01 打开素材文件（1.png），按 Ctrl+J 组合键复制图像到新图层。

步骤 02 在工具箱中选择"移除工具"（ ）。选项设置：画笔大小为 40，取消勾选其他选项，涂抹照片左侧的妈妈人物。然后在选项栏中单击"提交"按钮（✓），快速移除人物，如图 7.10 所示。

（a）使用"移除工具"涂抹左侧人物　　　　　　（b）移除人物的初步效果

图 7.10　使用"移除工具"移除人物

步骤 03 观察初步移除结果，还需要进一步地修复。考虑到背景面积比较大且颜色单一，适合使用仿制图章工具进行快速修补。

▶ 小结

在第 6 章中曾经简单介绍过仿制图章工具，与修复画笔工具一样，它们都可以对图像进行修复，修复原理都是将采样图像复制到目标位置。二者不同之处在于，仿制图章工具是无损仿制，取样的图像仿制到目标位置时保持不变；而修复画笔工具会将采样图像与目标位置的背景进行融合，以便让采样图像自动适应目标位置的环境。

如果修复范围比较小，同时关注修复背景问题，可以考虑选用"修复画笔工具"；如果大面积修复，使用"仿制图章工具"修复的效果会比较清晰。修复画笔工具在融合采样图像与目标位置的背景时，很容易吸收周围的杂色，导致修复失败。而仿制图章工具比较简单，没有这样的问题。

步骤 04 回到原图像图层（图层1），使用"多边形套索工具"选取桌面区域，并存储选区为"桌面"。按 Ctrl+Shift+I 组合键反选选区，显示复制图像图层（初步移除）。

步骤 05 新建图层（图层2），在工具箱中选择"仿制图章工具"。选项设置：笔刷大小为 200，硬度为 0%，模式为"正常"，不透明度为 100%，流量为 100%，勾选"对齐"复选框，样本为"所有图层"。然后开始一步步修复背景区域，如图 7.11 所示。

▶ 注意

修复过程要细心、耐心，操作的关键是要选好取样点，可以边观察边涂抹。在涂抹过程中注意纹理走向、明暗过渡等，根据不同的位置选取相适应的取样点。

步骤 06 回到原图像图层（图层1），使用"对象选择工具"快速选取照片中的右侧人物，按 Ctrl+J 组合键复制人物到新图层，并移到图层的顶部，显示所有图层。最终修复效果如图 7.12 所示。

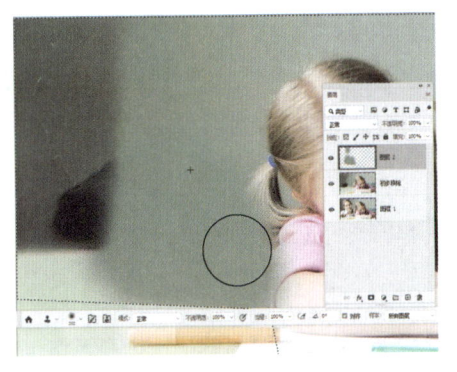

(a) 使用"仿制图章工具"涂抹背景　　　　(b) 背景修复效果

图 7.11　使用"仿制图章工具"修复背景

(a) 复制右侧人物　　　　(b) 修复效果

图 7.12　最终修复效果

7.2　润饰工具

Photoshop 润饰工具主要包括模糊工具、锐化工具、涂抹工具、加深工具、减淡工具和海绵工具。这些工具对于图像细节的修饰特别有用，能够大大提高人像后期处理的工作效率。

7.2.1　模糊工具、锐化工具和涂抹工具

扫一扫，看视频

1. 模糊工具和锐化工具

模糊工具（◊）和锐化工具（△）可以分别产生模糊和清晰的图像效果。模糊工具的原理是降低图像相邻像素之间的反差，使图像的边界或区域变得柔和，产生一种模糊的效果。而锐化工具与模糊工具刚好相反，它是增大图像相邻像素之间的反差，从而使图像看起来清晰明了。

【操作方法】只需在选择"模糊工具"或"锐化工具"后移动鼠标指针在图像中拖动即可，如图 7.13 所示。

131

(a) 原图　　　　　　　　　　　　　　　　　(b) 模糊效果

图 7.13　使用"模糊工具"

对图像模糊和锐化的程度与选项设置相关：画笔越大，模糊和锐化的范围越广，其效果也就越明显；强度越大，其效果也越明显。此外，还可以设置模式、是否对所有图层取样等选项。锐化工具还可以勾选"保护细节"复选框，以增强细节，弱化不自然感。

▶ 提示

模糊工具常用于修正扫描图像，因为扫描图像中很容易出现杂点或折痕，所以图像看上去很不平顺。而如果使用模糊工具稍加修饰，就可以使杂点与周围像素融合在一起，这样使得图像看上去就比较平顺。

▶ 技巧

使用"模糊工具"时，若按下 Alt 键，则会变成锐化工具；反之亦然。

2. 涂抹工具

涂抹工具（ ）是模拟用手指搅拌绘制的效果。使用涂抹工具能将最先单击处的颜色提取出来，并与鼠标拖动之处的颜色相融合。使用时只需在图像中单击并拖动鼠标即可，如图 7.14 所示。

图 7.14　使用"涂抹工具"

涂抹工具与模糊工具的选项相同，另外增加了"手指绘画"选项。如果勾选该复选框，则拖动时涂抹工具会使用前景色与图像颜色相融合；如果不勾选，则使用的颜色来自每次的单击点。

> ▶ **技巧**
> 按住 Alt 键，可以在手指绘画涂抹模式和一般涂抹模式之间切换。

> ▶ **注意**
> 模糊工具、锐化工具和涂抹工具不能用于位图和索引颜色模式的图像。

7.2.2 加深工具、减淡工具和海绵工具

1. 加深工具和减淡工具

加深工具（ ）和减淡工具（ ）是色调工具，可以改变图像特定区域的曝光度，使图像变暗或变亮。

【操作方法】在工具箱中选择相应的工具后，移动鼠标指针至图像窗口中拖动或单击即可，如图 7.15 所示。

(a) 减淡 　　　　(b) 加深

图 7.15　使用"减淡工具"和"加深工具"

> ▶ **技巧**
> 加深工具和减淡工具的功能与"亮度/对比度"命令中的亮度功能基本相同。不同的是，"亮度/对比度"命令是对整个图像的亮度进行控制，而加深工具和减淡工具可根据需要对指定的局部区域进行亮度控制，所以这两个工具使用起来更有弹性。

加深工具和减淡工具的主要选项说明如下。
- 范围：选择要修改的色调。选择"阴影"，只更改图像暗色部分；选择"中间调"，只更改中间灰色调区域的像素；选择"高光"，只更改图像亮部区域的像素。
- 曝光度：曝光度越大，加深和减淡的效果越明显。
- 保护色调：勾选该复选框，可以降低对色调的影响，并防止出现偏色。

2. 海绵工具

海绵工具（ ）能够增加或降低局部区域的饱和度。在灰度模式图像中，海绵工具通过将灰阶远离或靠近中间灰色来增加或降低对比度。

除了画笔和流量等基本选项外，海绵工具的主要选项说明如下。

- 模式：选择"去色"时，可降低图像饱和度，增加图像灰度色调；当作用于灰度图像时，会增加中间灰度色调颜色。选择"加色"时，可增加图像饱和度，减少图像灰度色调；当作用于灰度图像时，会减少中间灰度色调颜色，图像更鲜明，如图7.16所示。

(a) 去色　　　(b) 加色

图 7.16　使用"海绵工具"

- 自然饱和度：勾选该复选框，提高饱和度时避免出现溢色，即超出打印范围的颜色。

7.2.3　颜色替换工具

颜色替换工具（ ）能够使用前景色替换掉图像中特定的颜色，与"替换颜色"命令功能相同，只不过采用绘图方式可以修复一些局部区域的颜色，如图7.17所示。

(a) 原色　　　(b) 替换后的颜色

图 7.17　使用"颜色替换工具"

颜色替换工具的主要选项说明如下。

- 模式：设置前景色与当前图像颜色的混合模式。

- 取样：选择"连续"（ ）时，拖移时会对颜色连续取样；选择"一次"（ ）时，只替换第一次单击的目标颜色；选择"背景色板"（ ）时，只替换包含当前背景色的区域。
- 限制：选择"不连续"时，替换任何位置的样本颜色；选择"连续"时，替换与样本颜色邻近的颜色；选择"查找边缘"时，替换包含样本颜色的相连区域，同时更好地保留形状边缘的锐化程度。
- 容差：较低的百分比可以替换与单击像素非常相似的颜色，而增加该百分比可替换范围更广的颜色。
- 消除锯齿：勾选该复选框，为校正的区域定义平滑的边缘。

7.2.4 课堂案例：人物面部美容

■案例位置：案例与素材 \7\7.2.4\demo.psd
■素材位置：案例与素材 \7\7.2.4\1.jpg

本案例配合使用"移除工具"和"仿制图章工具"清除照片中的局部人物。

减淡工具、加深工具和海绵工具俗称"胭脂盒"。其中，减淡工具类似于胭脂粉；加深工具类似于睫毛膏；海绵工具类似于口红、唇膏等。本案例演示如何使用这些工具为照片中的人物进行面部快速美容，使人物的眉毛看起来更浓黑，嘴唇看起来更艳丽，面容更粉白。

【操作步骤】

步骤 01 打开素材文件（1.jpg），按 Ctrl+J 组合键复制图像到新图层。

步骤 02 在工具箱中选择"缩放工具"，在图像窗口中拖动框选人物嘴唇区域。选择"海绵工具"，设置画笔大小为 100px，硬度为 0%，模式为"加色"，流量为 20%，在嘴唇区域轻轻涂抹。涂抹时，应注意观察色彩饱和度的变化，幅度不宜过大。如果涂抹的范围把握不好，可以使用"磁性套索工具"选择嘴唇区域，在选区内进行涂抹，这样就可以避免涂抹得不规则。如果涂抹过度，在选项栏中设置模式为"去色"，然后涂抹饱和度过高的区域，这样就可以降低鲜艳效果，如图 7.18 所示。

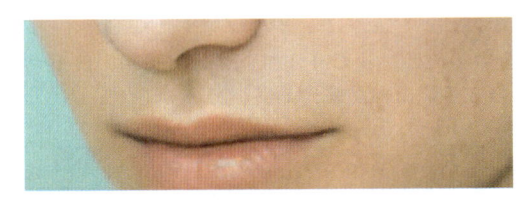

(a) 上色前　　　　　　　　　　(b) 上色后

图 7.18　使用"海绵工具"为嘴唇涂色

步骤 03 按住空格键，在图像窗口拖曳图像定位到人物眉毛区域。在"图层"面板中复制"背景 副本"图层为"背景 副本 2"图层，备份上一步的操作。在工具箱中选择"加深工具"，在选项栏中设置画笔大小为 20 像素，范围为"中间调"，曝光度为 25%。在眉毛区域轻轻涂抹，经过加深的眉毛效果如图 7.19 所示。在操作过程中可能会出现涂抹过重或者加深了眉毛以外的区域的情况，此时可以结合"历史记录"面板，即时恢复到前几步的操作。另外，也可以根据需要随时调整画笔大小及曝光度。

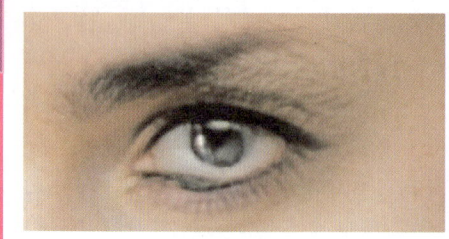

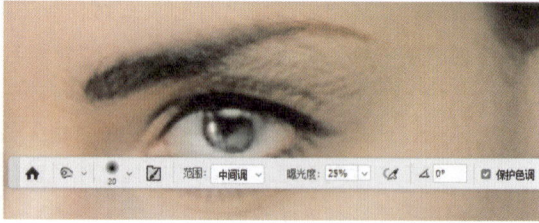

(a) 加深前　　　　　　　　　　　　　　(b) 加深后

图 7.19　使用"加深工具"加深眉毛

步骤 04 使用"减淡工具"对人物的面部进行美白。按 Q 键切换到快速蒙版编辑模式，使用柔边画笔涂抹面部皮肤，如图 7.20 所示。再按 Q 键返回图像编辑模式，获取人物面部选区，然后存储选区为"面部"。

步骤 05 在"通道"面板中单击"面部"通道，切换到蒙版编辑状态。按 Ctrl 键单击该通道，调出选区，按 Shift+F5 组合键，使用中性灰色填充选区，从而得到一个半透明度的面部选区，如图 7.21 所示。操作目的：间接减弱后面使用"减淡工具"涂抹面部皮肤时可能对皮肤色调造成的破坏。

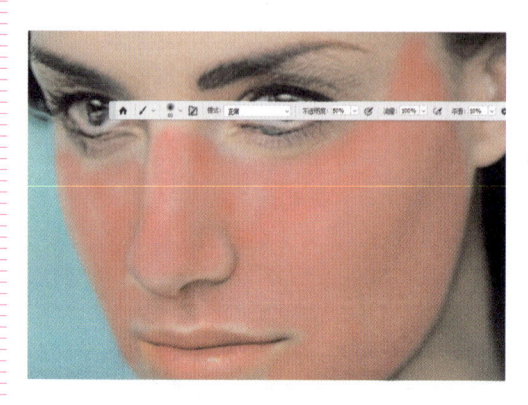

图 7.20　获取面部选区 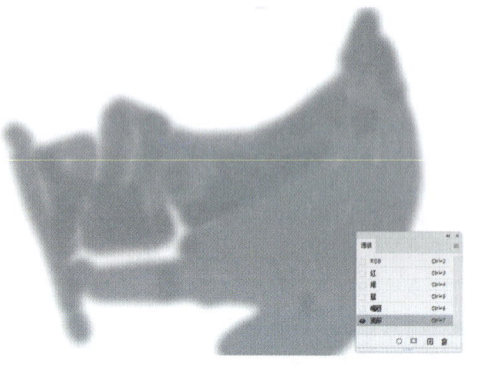　　　　　　　　图 7.21　降低面部选区的不透明度

步骤 06 按 Ctrl 键，单击调出通道中的"面部"选区。按 Ctrl+J 组合键复制图层，使用大的减淡工具笔刷，并设置非常低的曝光度，然后轻轻擦拭面部皮肤，如图 7.22 所示。

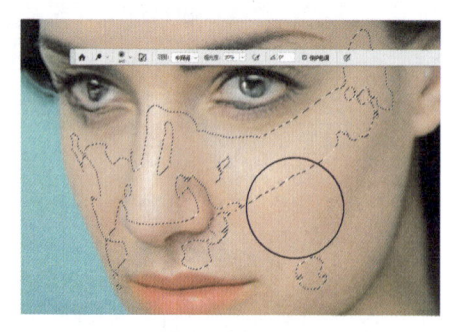

(a) 面部美白　　　　　　　　　　　　　(b) 美容效果

图 7.22　使用"减淡工具"美白面部

7.3 本章小结

本章首先介绍了各种图像修改工具，包括修复画笔工具、污点修复画笔工具、修补工具、内容感知移动工具、移除工具和红眼工具；然后介绍了修饰工具，包括模糊工具、锐化工具、涂抹工具、加深工具、减淡工具和海绵工具。灵活使用这些工具可以完成图像的后期修复处理工作。

7.4 课后习题

1. 填空题

（1）修复工具组包括 _____、_____、_____、_____、_____ 和 _____。
（2）图章工具组包括 _____ 和 _____。
（3）使用 _____ 能够简化图像中特定颜色的替换，用校正颜色在目标颜色上绘画。
（4）Photoshop 润饰工具主要包括 _____、_____、_____、_____、_____ 和 _____。

2. 选择题

（1）下面 _____ 不需要采样就可以修复图像。
    A. 修补工具　　　　　　　　　　B. 修复画笔工具
    C. 仿制图章工具　　　　　　　　D. 图案图章工具
（2）下面 _____ 不需要计算和融合就可以直接复制图像。
    A. 修补工具　　　　　　　　　　B. 修复画笔工具
    C. 仿制图章工具　　　　　　　　D. 污点修复画笔工具
（3）下面 _____ 能够降低图像相邻像素之间的反差，使图像的边界或区域变得柔和。
    A. 模糊工具　　　　　　　　　　B. 锐化工具
    C. 加深工具　　　　　　　　　　D. 减淡工具
（4）下面 _____ 能够增加局部区域的饱和度。
    A. 模糊工具　　　　　　　　　　B. 锐化工具
    C. 加深工具　　　　　　　　　　D. 海绵工具

3. 判断题

（1）颜色替换工具能够使用前景色替换掉图像中的颜色，与"替换颜色"命令功能相同。（　　）
（2）加深工具和减淡工具可以改变图像特定区域的对比度。（　　）
（3）海绵工具能够增加或减少局部区域的饱和度。（　　）
（4）模糊工具和锐化工具可以改变图像相邻像素之间的对比度。（　　）

4. 简答题

（1）简述仿制图章工具与修复画笔工具有什么相同点或不同点。
（2）污点修复画笔工具与修复画笔工具有什么不同。

5. 上机练习

（1）打开练习素材（位置：案例与素材 \7\ 上机练习素材 \1.jpg），为图 7.23 中的人物添加腮红。提示，可以使用"椭圆选框工具"绘制腮红选区，然后使用"海绵工具"进行涂抹，或者填色再模糊处理。

(a) 原图　　　　　　　　(b) 效果图

图 7.23　练习效果（1）

（2）打开练习素材（位置：案例与素材 \7\ 上机练习素材 \2.jpg），为图 7.24 中的人物修复面部疤痕。提示，可以使用修补工具尝试进行修复。

(a) 原图　　　　　　　　(b) 效果图

图 7.24　练习效果（2）

图像调色　　　　　　　　第 8 章

🔊 学习目标

- 了解色调和色彩相关知识。
- 了解直方图与色调的关系。
- 正确使用"色阶"和"曲线"命令调整图像色调。
- 灵活使用命令调整图像色彩。

　　Photoshop 的调色命令包括调整色调和调整色彩两大类，主要针对图像的对比度、亮度、饱和度和色相进行控制。这些调整命令位于"图像|调整"子菜单中，其中常用命令也可以通过调整图层来使用（用法可参考 3.3.2 小节的内容）。由于调整图层具有非破坏性和可再编辑性，在可用的情况下，优先推荐使用调整图层进行调色。

8.1 调整色调

色调主要控制图像的明暗度，如当图像比较暗时，可以将它调亮，或者是将过亮的图像调暗。

8.1.1 认识色调

色调是指图像的相对明暗程度，图像的色调范围为 0（黑色）~ 255（白色），共 256 级色阶，可分为阴影（或暗部）、中间调和高光 3 个区域，如图 8.1 所示。

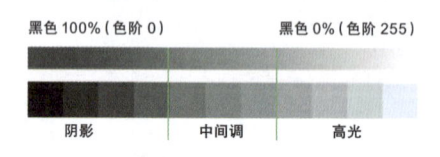

图 8.1　色调范围

如果图像的色调范围完整，则画质细腻、层次丰富、色彩鲜艳生动；如果图像的色调范围不完整，即色调范围明显小于 256 级色阶，则会导致画面对比度偏低、细节不明、色彩灰暗，如图 8.2 所示。

（a）色调范围不完整（高光缺失严重） 　　　（b）色调范围较完整（高光有所弥补）

图 8.2　图像色调比较

8.1.2 使用直方图

直方图提供了图像色调分布的统计图形。通过观察直方图，可以准确了解图像的暗部、中间调、高光区段是否完整，细节是否充足，以便作出有针对性的调控。

【操作方法】打开图像，然后选择"窗口 | 直方图"命令，打开"直方图"面板。在面板菜单中选择"扩展视图"命令，直方图扩展视图如图 8.3 所示。

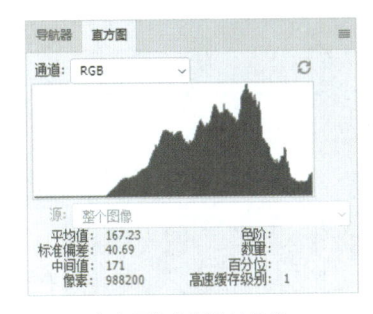

(a) 打开图像　　　　　　　　　　　(b) 图像色调统计信息

图 8.3　直方图扩展视图

在直方图中，横轴代表像素的色调（0～255），最左侧为 0，最右侧为 255；纵轴代表像素数目。直方图的下方列出色调分布的统计数据。

- 平均值：所有像素的色阶值的平均数，反映了图像的平均亮度。范围为 0～255，值越大，表示图像整体越亮；值越小，表示图像整体越暗。
- 标准偏差：所有像素之间的色阶值差异，反映了图像的对比度。值越大，表示图像对比度越高；值越低，表示图像对比度越低。
- 中间值：所有像素按照色阶从小到大排序后，位于中间的色阶值。中间值越低，暗部像素较多，图像整体偏暗；中间值越高，亮部像素较多，图像整体偏亮。
- 像素：图像中所有像素的总数。

▶ 技巧

由于彩色直方图较复杂，建议选择明度通道，重点观察图像过曝和欠曝区域。非标准形态的直方图主要包括以下几种。

- 对比度不足的直方图：山峰位于中间区域，左右两侧（暗部和高光）没有像素分布。
- 对比度过大的直方图：山峰位于左右两侧区域，暗部和高光区域的山峰陡峭如墙。
- 曝光过度的直方图：像素集中在直方图的右侧区域，而左侧暗部区域像素分布很少。
- 曝光不足的直方图：像素集中在直方图的左侧区域，而右侧高光区域像素分布很少。

8.1.3　亮度/对比度

"亮度/对比度"命令主要用于调整图像的亮度和对比度，它比色阶和曲线命令更简便、直观。

【操作方法】打开图像，选择"图像 | 调整 | 亮度/对比度"命令，打开"亮度/对比度"对话框，如图 8.4 所示。在该对话框中可以快捷地调整图像亮度和对比度。

▶ 提示

当亮度和对比度的值为负值时，图像亮度和对比度下降；值为正值时，图像亮度和对比度增加；值为 0 时，图像不发生变化。

(a) 原图（直方图显示曝光不足）   (b) 调亮亮度和对比度后的效果

图 8.4 使用"亮度/对比度"命令

▶ **试一试**

在"图像"菜单中提供了 3 个自动调整命令，使用它们能够快速调整图像的色调和色彩。
- "自动色调"命令能够快速对图像中不正常的高光或阴影区域进行初步处理，而不用打开"色阶"对话框来实现。功能等于"色阶"对话框中的"自动"按钮。
- "自动对比度"命令可以将图像中最暗的像素变成黑色，最亮的像素变成白色，从而让图像较暗的部分变得更暗，较亮的部分变得更亮。
- "自动颜色"命令可以自动对图像进行颜色校正。如果图像存在色偏或者饱和度过高，均可以使用该命令进行自动调整。

8.1.4 色调均化

"色调均化"命令会重新分配图像像素亮度值，将最亮的像素变成白色，最暗的像素变为黑色。其余的像素映射到相应灰度值上，然后合成图像。这样可以让色彩分布得更平均，从而提高图像的对比度和亮度。

【操作方法】打开图像，选择"图像 | 调整 | 色调均化"命令，会自动对图像进行色调处理，如图 8.5 所示。

(a) 原图   (b) 色调均化后的效果

图 8.5 使用"色调均化"命令

> ▶ 提示
>
> 　　如果在执行"色调均化"命令之前先选取范围，则会打开一个对话框，提示是仅色调均化所选区域，还是基于所选区域色调均化整个图像。

8.1.5　阴影/高光

　　"阴影/高光"命令适用于校正由于强逆光而形成剪影的照片，或者校正由于太接近相机闪光灯而有些发白的焦点。在使用其他方式采光的图像中，这种调整也可用于使阴影区域变亮。

【操作方法】打开图像，选择"图像 | 调整 | 阴影/高光"命令，打开"阴影/高光"对话框。勾选"显示更多选项"复选框，可以进行更精细的调整，如图8.6所示。

(a) 原图　　　　(b) "阴影/高光"对话框　　　　(c) 调整效果

图8.6　使用"阴影/高光"命令

　　拖动"阴影"选项组中的"数量"滑块，调整暗部色调，数值越大，阴影区域的颜色就越亮。拖动"高光"选项组中的"数量"滑块，调整亮部色调，数值越大，高亮区域的颜色就越暗。

> ▶ 提示
>
> 　　"阴影/高光"命令不是简单地使图像变亮或变暗，其基于阴影或高光中的周围像素（局部相邻像素）增亮或变暗，允许分别控制阴影和高光。默认设置为修复具有逆光问题的图像。使用"阴影/高光"命令很容易提升暗部层次，提升后过渡效果更自然。

> ▶ 试一试
>
> 　　使用"曝光度"命令可以专门针对照片曝光过度或不足等问题进行调整。

8.1.6　色阶

　　"色阶"命令可以调整图像的明暗度，包括暗部色调、中间色调、亮部色调的强度；还可以针对整个图像、图像选区、图层图像以及颜色通道进行调整。

【操作方法】打开图像，选择"图像 | 调整 | 色阶"命令，或按Ctrl+L组合键，打开"色阶"对话框，如图8.7所示。

143

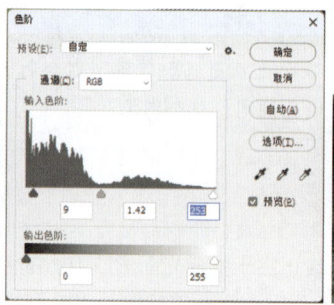

(a) 原图　　　　　　　　　(b) "色阶"对话框　　　　　　　　(c) 调整效果

图 8.7　使用"色阶"命令

在"通道"下拉列表中可以选择要调整色调的通道。选择 RGB 主通道，将对所有通道起作用。若只选中 R、G、B 通道中的单一通道，则只对当前所选通道起作用。

"色阶"对话框中的主要调整方法如下。

- 使用"输入色阶"调整。在直方图下面左侧文本框中输入 0 ~ 253 之间的数值，可以增加图像的暗部色调；在中间文本框中输入 0.10 ~ 8.99 之间的数值，可以控制图像的中间色调；在右侧文本框中输入 2 ~ 255 之间的数值，可以增加图像的亮部色调。这 3 个文本框分别与直方图下面的 3 个小三角滑块一一对应。分别拖动这 3 个滑块，可以很方便地调整暗部色调、中间色调以及亮部色调。

- 使用"输出色阶"调整。与"输入色阶"的功能刚好相反，使用"输出色阶"可以限定图像的亮度范围。在其左侧文本框中输入 0 ~ 255 之间的数值可以调整暗部色调；在其右侧文本框中输入 0 ~ 255 之间的数值可以调整亮部色调。在"输出色阶"下方有一滑杆，滑杆上的两个小三角滑块与它的两个文本框一一对应，拖动滑块就可以调整图像的色调。

- 使用吸管工具。从左到右依次为黑色吸管（🖋）、灰色吸管（🖋）和白色吸管（🖋）。单击其中任一吸管，然后将鼠标指针移到图像窗口中，鼠标指针变成相应的吸管形状，此时单击即可完成色调的调整。这 3 个吸管的含义如下，演示可参考 8.3.6 小节的案例。

    ◆ 黑色吸管（🖋）：设置黑场。将所有像素的亮度值减去吸管单击点处的像素亮度值，使图像变暗。

    ◆ 白色吸管（🖋）：设置白场。将所有像素的亮度值加上吸管单击点处的像素亮度值，使图像变亮。

    ◆ 灰色吸管（🖋）：设置灰场。使用吸管单击点处的像素亮度值调整图像的色彩分布。

▶ 技巧

所有调整命令的对话框中一般都有一个"预览"复选框。勾选该复选框可以预览调整后的效果。若按下 Alt 键，则对话框中的"取消"按钮会变成"复位"按钮，单击该按钮后，可以将对话框中的参数还原为刚打开对话框时的设置。对话框中一般都有"自动"按钮，单击该按钮可以自动进行图像调整。

8.1.7 曲线

"曲线"是广泛应用的色调调整命令，与"色阶"命令的调整原理相同，只不过它比"色阶"命令功能更强大、更精密，可以进行富有弹性的调整。"曲线"命令除了可以调整图像的亮度外，还可以调整图像的对比度、控制色彩等。功能上等于"反相""色调分离""亮度/对比度"等多个命令的组合。

【操作方法】打开图像，选择"图像|调整|曲线"命令，或按 Ctrl+M 组合键，打开"曲线"对话框，如图 8.8 所示。

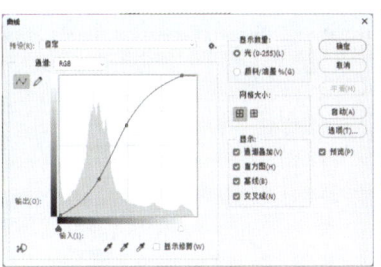

(a) 原图　　　　　(b) "曲线"对话框　　　　　(c) 调整效果

图 8.8　使用"曲线"命令

在"曲线"对话框中，表格中的横轴代表输入色调（原图像色调）；纵轴代表输出色调（调整后的图像色调），变化范围均为 0～255。改变表格中曲线的形状，可以调整图像的亮度、对比度和色彩平衡等效果。主要调整方法如下。

● 使用"曲线工具"。

【操作方法】①选择"曲线工具"（　　）；②将鼠标指针移到表格中，当其变成 + 时单击，可以产生一个节点，该节点的输入/输出值将显示在对话框左下角的"输入"和"输出"文本框中；③将鼠标指针移到节点上变为 ✥ 时，按下鼠标左键并拖动，即可改变曲线形状。曲线越向左上角弯曲，图像色调越亮；曲线越向右下角弯曲，图像色调越暗，如图 8.9 所示。

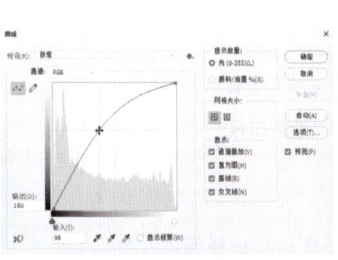

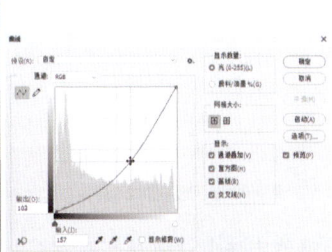

(a) 曲线向左上角弯曲，图像变亮　　　　　(b) 曲线向右下角弯曲，图像变暗

图 8.9　改变表格中的曲线形状

▶ 提示

改变曲线形状的同时，可以观察图像预览显示，并且可以打开"信息"面板查看颜色数值的变化。此外，可以创建多个节点（在曲线上单击即可）来改变曲线形状。

▶ 技巧

若要在表格中选择节点，用鼠标单击节点即可；按 Shift 键 + 单击可以选择多个节点。选择节点后，按键盘上的方向键可以移动节点位置。若要删除节点，则将节点拖到坐标区域外即可；或者按 Ctrl 键 + 单击要删除的节点；此外，还可以先选择节点，按 Delete 或 Backspace 键删除节点。

- 使用"铅笔工具"。

【操作方法】选择"铅笔工具"（ ），移动鼠标指针至表格中绘制即可，如图 8.10 所示。使用"铅笔工具"绘制曲线时，对话框中的"平滑"按钮被激活，该按钮可以修改"铅笔工具"绘制的曲线的平滑度。图 8.10（b）所示为单击三次"平滑"按钮后的曲线效果。

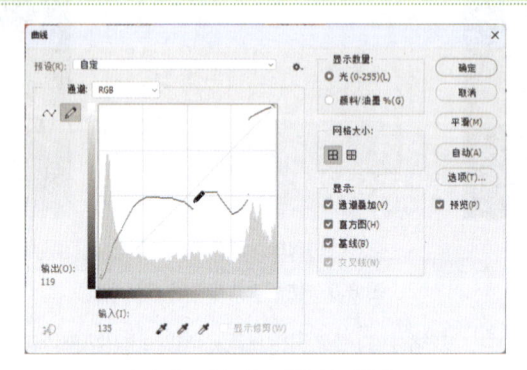

(a) 使用"铅笔工具"绘制曲线

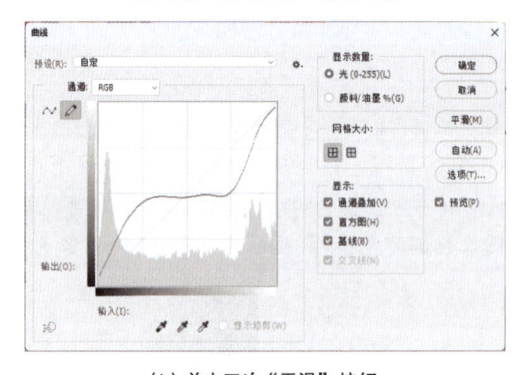

(b) 单击三次"平滑"按钮

图 8.10 使用"铅笔工具"

- 使用"选择工具"。

【操作方法】①选择"选择工具"（ ）；②移动鼠标指针到图像窗口，此时在"曲线"对话框中可以看到表格中曲线上显示一个空心方块，它表示鼠标指针所在点的色调在曲线上的对应位置，如图 8.11（a）所示；③在图像上单击，可以在对话框中的曲线上添加一个节点，在图像窗口中按住鼠标左键不放向周围移动，可以看到曲线也朝相同方向移动弯曲，如图 8.11（b）所示。

- 使用"吸管工具"。功能和操作方法与"色阶"对话框中的吸管工具相同，可以参考 8.1.6 小节的说明。

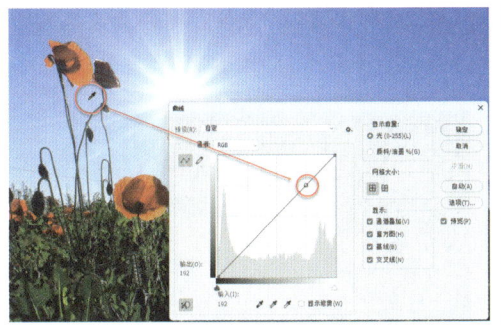

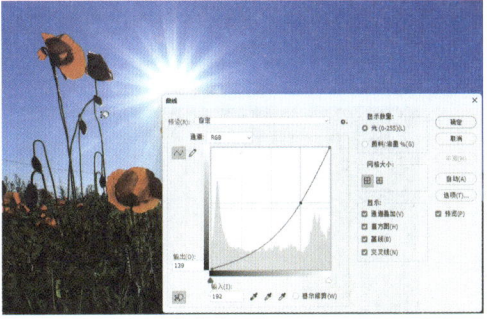

(a) 移动鼠标指针到图像窗口　　　　　　　　　　　　(b) 单击并拖曳鼠标

图 8.11　使用"选择工具"

▶ 技巧

典型曲线形态列举如下。
- S 形曲线。将高光区域调亮、暗部区域调暗，增大对比度，如图 8.12 所示。该曲线与"亮度/对比度"命令相似。反向 S 形曲线会降低图像的对比度。
- 垂直向上拖曳底部控制点，黑色会变为灰色，暗部区域变亮。垂直向下拖曳顶部控制点，白色会变为灰色，高光区域变暗。同时向中间拖曳，色调对比度变小，色彩灰暗，如图 8.13 和图 8.14 所示。

图 8.12　S 形曲线　　　　　　　　　　图 8.13　垂直向上拖曳底部控制点

图 8.14　垂直向下拖曳顶部控制点

- 水平向右拖曳底部控制点，灰色会变为黑色，暗部区域细节丢失。水平向左拖曳顶部控制点，灰色会变为白色，高光区域细节丢失，如图 8.15 和图 8.16 所示。

图 8.15　水平向右拖曳底部控制点 　　　　图 8.16　水平向左拖曳顶部控制点

- 曲线由斜线变成垂直线，调整效果与"色调分离"命令相似，如图 8.17 所示。
- 曲线由正斜线变成反斜线，即将左侧底部控制点拖曳到左侧顶部，将右侧顶部控制点拖曳到右侧底部，调整效果与"反相"命令相似，如图 8.18 所示。

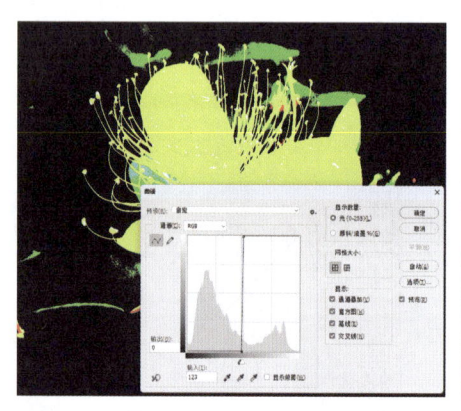

图 8.17　模拟色调分离效果 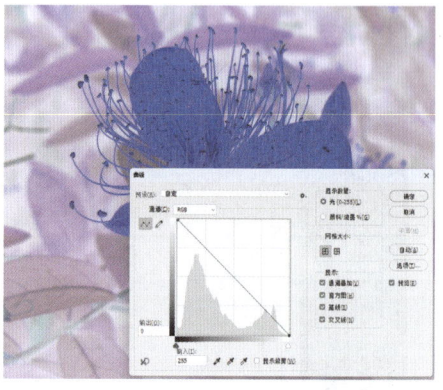　　　　图 8.18　模拟反相效果

8.1.8　课堂案例：使用曲线校正照片偏色问题

扫一扫，看视频

■案例位置：案例与素材 \8\8.1.8\demo.psd
■素材位置：案例与素材 \8\8.1.8\1.jpg

调色分为两种：调色和校色。调色主要是对照片后期的艺术性加工，而校色主要是对照片色彩进行还原恢复。图像在经过各种处理和受环境影响时，可能会存在色彩不准或者偏色问题。本案例使用"直方图"面板和"曲线"命令调整照片偏色问题。

【操作步骤】

步骤 01　打开素材文件（1.jpg），按 Ctrl+J 组合键复制图像到新图层。

步骤 02 打开"直方图"面板，简单分析一下整个画面的色调分布：RGB复合通道的灰度分布偏暗，如图8.19所示。

步骤 03 按Ctrl+M组合键，打开"曲线"对话框。在顶部"预设"下拉列表中选择"较亮（RGB）"选项，适当调高画面的整体亮度，画面效果如图8.20所示。此时通过直方图可以看到高光区域得到了增强。

图8.19　分析照片的直方图　　　　　　　图8.20　适当调高画面的整体亮度

步骤 04 在"曲线"对话框的"通道"下拉列表中选择"红"通道，然后在"显示数量"选项组中选中"颜料/油墨%"单选按钮。使用鼠标向上拖曳曲线，该步操作的目的是降低红色像素的总量，纠正人物肌肤偏向红色，如图8.21所示。

步骤 05 在"曲线"对话框的"通道"下拉列表中选择"蓝"通道，然后在"显示数量"选项组中选中"光（0-255）"单选按钮。使用鼠标向上拖曳曲线，该步操作的目的是提高蓝色过暗的灰度分布，如图8.22所示。

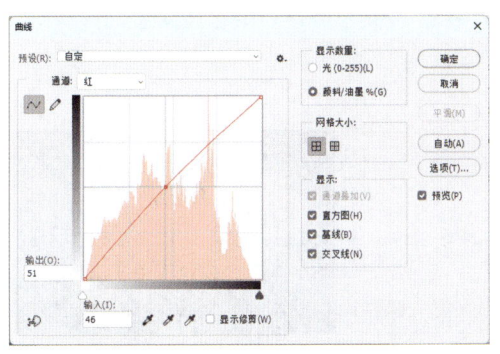

图8.21　调整红色通道曲线　　　　　　　图8.22　调整蓝色通道曲线

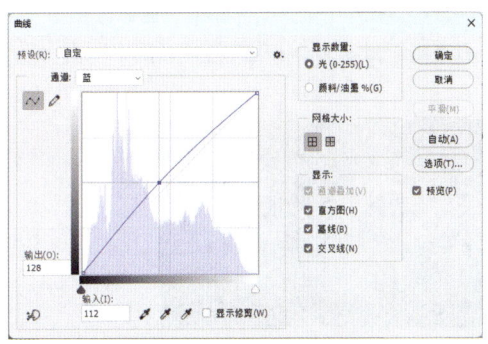

步骤 06 在"曲线"对话框的"通道"下拉列表中选择"绿"通道，然后在"显示数量"选项组中选中"光（0-255）"单选按钮。使用鼠标向下拖曳曲线，该步操作的目的是降低绿色过亮的灰度分布，如图8.23所示。

步骤 07 调整完毕，在"曲线"对话框中单击"确定"按钮完成色偏纠正操作。纠正色偏后的照片效果如图8.24所示。

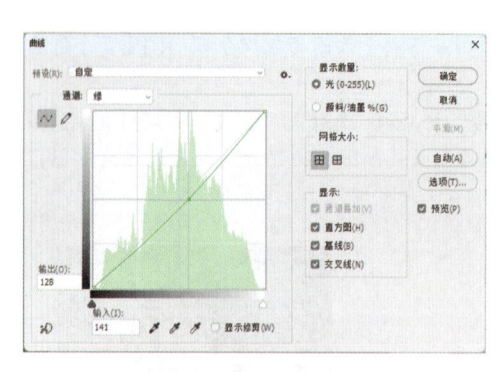

图 8.23　调整绿色通道曲线　　　　　　　图 8.24　纠正色偏后的照片效果

8.2　调整色彩

调整色彩主要是控制图像的色相和饱和度，可以增强、改变和校正图像的颜色。调整色彩的命令不会产生比原图更多的色彩，操作过程或多或少都要丢失一些颜色数据，因此要复制图层，不要在原图像上直接操作。

8.2.1　色彩平衡

"色彩平衡"命令会在彩色图像中改变颜色的混合，从而使整体图像的色彩平衡。虽然"曲线"命令也可以实现此功能，但"色彩平衡"命令使用起来更方便、更快捷。

扫一扫，看视频

【操作方法】打开图像，选择"图像｜调整｜色彩平衡"命令，或按 Ctrl+B 组合键，打开"色彩平衡"对话框，如图 8.25 所示。

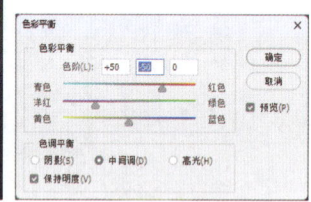

(a) 原图　　　　　　　(b) "色彩平衡"对话框　　　　　　　(c) 调整效果

图 8.25　使用"色彩平衡"命令

"色彩平衡"对话框中最主要的选项是"色彩平衡"，其右侧 3 个文本框分别对应下面的 3 个滑杆。调整滑杆上的滑块或在文本框中输入数值可以控制 RGB 三原色到 CMY 三原色之间对应的色彩变化。这 3 个滑杆的变化范围均为 -100 ～ 100。滑杆上的滑块越往左，图像中的颜色越接近 CMYK 颜色；滑杆上的滑块越往右，图像中的颜色越接近 RGB 颜色。3 个选项均为 0 时，图像色彩不变化。

"色彩平衡"对话框底部的"色调平衡"选项组中有3个单选按钮：阴影、中间调和高光。选中某一个单选按钮，"色彩平衡"命令就调节对应色调的像素，而且小三角滑块的颜色也会随之改变，相应地变成黑色、灰色和白色。

勾选"保持明度"复选框，在调节色彩平衡过程中，可以维持图像的整体亮度不变。

8.2.2 色相/饱和度

"色相/饱和度"命令主要用于改变图像的色相及饱和度，还可以通过给图像指定新的色相和饱和度，实现给灰度图像上色的功能。

【操作方法】打开图像，选择"图像 | 调整 | 色相/饱和度"命令，或按 Ctrl+U 组合键，打开"色相/饱和度"对话框，如图 8.26 所示。

(a) 原图 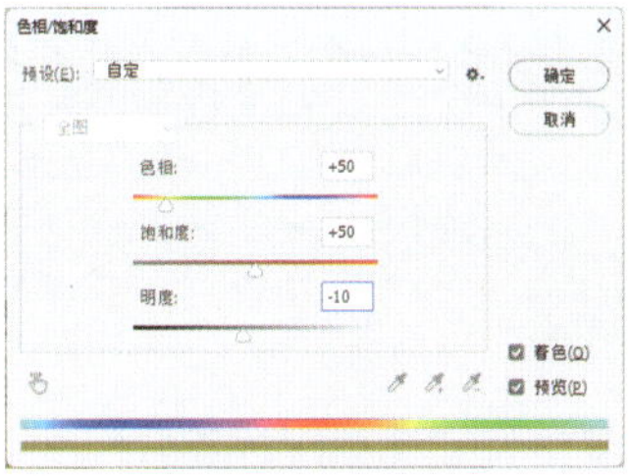　　　　　(b) "色相/饱和度"对话框 　　　　　(c) 调整效果

图 8.26　使用"色相/饱和度"命令

拖动对话框中的色相（-180～180）、饱和度（-100～100）和明度（-100～100）滑杆，或在其文本框中输入数值，可以分别控制图像的色相、饱和度及明度。但在此之前需要在"编辑"下拉列表中选择"全图"选项，才能对图像中的所有像素起作用。若选择其他颜色选项，则色彩变化只对当前选中的颜色起作用。例如，选择"红色"选项，则使用该命令时只对图像中指定范围内的红色像素起作用，类似使用"魔棒工具"在图像中选定了一个颜色选区。

如果选择除了"全图"外的选项时，对话框中的3个吸管按钮会被激活，同时在其左侧多了4个数值显示。这4个数值分别对应于其下方颜色条上的4个滑块，它们都是为改变图像的色彩范围而设置的，如图 8.27 所示。

(a) 原图 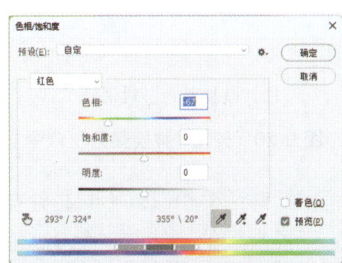　　　　　(b) "色相/饱和度"对话框 　　　　　(c) 调整效果

图 8.27　激活吸管按钮

- 移动吸管按钮（ ）至图像中单击，可选定一种颜色作为色彩变化的范围。
- 移动追加吸管按钮（ ）至图像中单击，可以在原有色彩变化范围上增加当前单击处的颜色。
- 移动删减吸管按钮（ ）至图像中单击，可以在原有色彩变化范围上删减当前单击处的颜色。

在该对话框下方显示两个颜色条（见图 8.27）。它们代表颜色在色轮中的次序。其中，上面的颜色条显示调整前的颜色；下面的颜色条显示调整如何以全饱和状态影响所有色相。拖动颜色条上的滑块可以增减色彩变化的颜色范围。

勾选"着色"复选框，可以为灰色或黑白的图像上色。如果处理的是一幅彩色图像，则勾选此复选框后，所有彩色颜色都将变为单一彩色，因此处理后图像的色彩会有一些损失。

▶ **试一试**

使用"色相/饱和度"命令很容易出现图像颜色过饱和现象，对于人物肤色等对象来说，会非常难看。此时可以考虑使用"自然饱和度"命令，效果会更好。该命令能够给饱和度设置上限，避免出现溢色情况。

8.2.3 替换颜色

"替换颜色"命令允许先选定颜色，然后改变它的色相、饱和度和明度。该命令相当于"色彩范围"命令与"色相/饱和度"命令之和。

【操作方法】打开图像，选择"图像 | 调整 | 替换颜色"命令，打开"替换颜色"对话框，如图 8.28 所示。

(a) 原图　　　　　　(b) "替换颜色"对话框　　　　　　(c) 调整效果

图 8.28　使用"替换颜色"命令

该对话框的设置与"色彩范围"对话框相似，不同之处在于"替换颜色"对话框增加了"替换"选项组。该选项组中的三根滑杆的功能与"色相/饱和度"对话框中的功能相同，只不过此处的替换对所有颜色通道都起作用，相当于在"色相/饱和度"对话框中选择"全图"选项。其右侧"结果"颜色框可以显示用户指定的颜色所发生的变化。

8.2.4 匹配颜色

"匹配颜色"命令可以使用一幅图像的颜色校正另一幅图像的颜色，该命令适用于图像颜色模拟。

【操作方法】在使用"匹配颜色"命令之前，应同时打开源图像和被校正图像。然后选择"图像 | 调整 | 匹配颜色"命令，打开"匹配颜色"对话框，如图 8.29 所示。

(a) 原图　　　　　　(b) "匹配颜色"对话框　　　　　　(c) 调整效果

图 8.29　使用"匹配颜色"命令

"匹配颜色"对话框中的主要选项说明如下。

- "目标图像"选项组：设置要校正图像的各个选项。其中，"明亮度"用于设置校正图像的亮度，范围为 0～200，值越大，图像越亮；"颜色强度"用于设置校正图像的饱和度，范围为 0～200，值越大，图像越鲜艳；"渐隐"用于设置校正图像的色彩变化程度，范围为 0～100，值越大，图像色彩变化越柔和。如果勾选"中和"复选框，则可以与源图像产生一种中和效果。
- "图像统计"选项组：设置源图像的各个选项。在"源"下拉列表中选择源图像；在"图层"下拉列表中选择源图像的图层；单击"载入统计数据"按钮可以载入保存的图像统计信息，格式为 *.STA；单击"存储统计数据"按钮可以保存当前的图像统计信息。

8.2.5 可选颜色

"可选颜色"命令可以校正图像颜色不平衡问题，也可以调整颜色。

【操作方法】打开图像，然后选择"图像 | 调整 | 可选颜色"命令，打开"可选颜色"对话框，如图 8.30 所示。

在"颜色"下拉列表中设置颜色，可以有针对性地选择红色、绿色、蓝色、青色、洋红色、黄色、黑色、白色和中性色进行调整。

使用青色、洋红色、黄色和黑色四根滑杆可以针对选定的颜色调整 C、M、Y、K 的比重，以修正各原色的颜色增益和色偏。各滑杆的变化范围均为 -100%～100%。

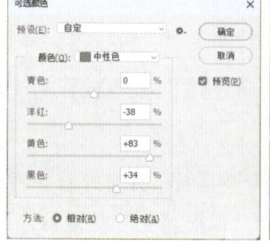

(a) 原图　　　　　　　　(b)"可选颜色"对话框　　　　　　　　(c) 调整效果

图 8.30　使用"可选颜色"命令

在"可选颜色"对话框底部的"方法"选项组中，两个单选按钮的作用说明如下。

- 相对：选中该单选按钮，可以调整的数值以 CMYK 四色总数量的百分比进行计算。例如，一个像素占有青色的百分比为 50%，再加上 10% 后，其总数就等于原有数值 50% 再加上 10%×50%，即 50%+10%×50%=55%。
- 绝对：选中该单选按钮，以绝对值调整颜色。例如，一个像素占有青色的百分比为 50%，再加上 10% 后，其总数就等于原有数值 50% 再加上 10%，即 50%+10%=60%。

8.2.6　颜色查找

扫一扫，看视频

"颜色查找"命令能够将原始颜色通过 3DLUT 的颜色查找表映射到新的颜色上。该命令能够让图像快速显示各种色彩视觉效果。

【操作方法】打开图像，然后选择"图像 | 调整 | 颜色查找"命令，打开"颜色查找"对话框。然后在"3DLUT 文件"下拉列表中选择一种颜色表即可，效果如图 8.31 所示。

(a) 原图　　　　　　　　(b)"颜色查找"对话框　　　　　　　　(c) 调整效果

图 8.31　使用"颜色查找"命令

8.2.7　通道混合器

扫一扫，看视频

"通道混合器"命令可以使用当前颜色通道的混合修改颜色通道。使用该命令可以进行以下操作。

- 进行创造性的颜色调整，这是其他颜色调整工具不易做到的。
- 创建高质量的深棕色调或其他色调的图像。

- 将图像转换到一些备选色彩空间。
- 交换或复制通道。

【操作方法】打开图像,然后选择"图像 | 调整 | 通道混合器"命令,打开"通道混合器"对话框,如图 8.32 所示。

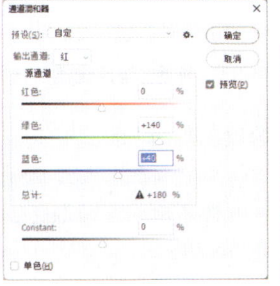

(a) 原图　　　　　(b)"通道混合器"对话框　　　　　(c) 调整效果

图 8.32　使用"通道混合器"命令

在"输出通道"下拉列表中,可以选择要调整的色彩通道。若作用于 RGB 模式图像时,该下拉列表中显示红、绿、蓝三原色通道;若作用于 CMYK 模式图像时,则显示青色、洋红色、黄色、黑色 4 个色彩通道。

在"源通道"选项组中可以调整各原色的值。对于 RGB 模式图像,可调整红色、绿色和蓝色三根滑杆,或在文本框中输入数值;对于 CMYK 模式图像,则可调整青色、洋红色、黄色和黑色四根滑杆,或在文本框中输入数值。

在对话框底部还有一根 Constant(常数)滑杆,拖动此滑杆上的滑块或在文本框中输入数值(-200 ~ 200)可以改变当前指定通道的不透明度。在 RGB 模式图像中,当常数为负值时,通道的颜色偏向黑色;当常数为正值时,通道的颜色偏向白色。

勾选对话框最底部的"单色"复选框,可以将彩色图像变成灰度图像,即图像只包含灰度值。此时,对所有的色彩通道都将使用相同的设置。

▶ 注意

"通道混合器"命令只能作用于 RGB 和 CMYK 模式图像,并且在执行此命令之前必须先选中主通道,而不能先选中 RGB 和 CMYK 中的单一原色通道。

8.2.8　照片滤镜

"照片滤镜"命令可以模仿在相机镜头前面加彩色滤镜,以便调整通过镜头传输的光的色彩平衡和色温,还可以选择预设的颜色。

【操作方法】打开图像,然后选择"图像 | 调整 | 照片滤镜"命令,打开"照片滤镜"对话框,如图 8.33 所示。

(a) 原图　　　　　　　　(b) "照片滤镜"对话框　　　　　　　(c) 调整效果

图8.33　使用"照片滤镜"命令

"照片滤镜"对话框中的主要选项说明如下。
- 使用：该选项组包含"滤镜"和"颜色"两个选项。在"滤镜"下拉列表中可以设置滤镜类型。在"颜色"框中将显示相应的颜色，也可以直接单击"颜色"框打开"拾色器"对话框，选择颜色。
- 密度：设置颜色的浓度，范围为1%～100%。值越大，滤镜效果越强。
- 保留明度：勾选该复选框，可以保持图像亮度。如果不希望通过添加颜色滤镜使图像变暗，则确保勾选该复选框。

8.2.9　课堂案例：使用"匹配颜色"命令校正特殊色偏

案例位置：案例与素材 \8\8.2.9\demo.psd
素材位置：案例与素材 \8\8.2.9\1.jpg

"匹配颜色"命令可以解决照片中的两个难题：①匹配不同图像之间的色彩，使它们能够很好地相融合；②调整图像的亮度和饱和度，以及校正图像偏色问题。

【操作步骤】

步骤01　打开素材文件（1.jpg），按Ctrl+J组合键复制图像到新图层。可以看到图像整体颜色偏向暗黄色且背景比较模糊，人物细节不是很清晰。

步骤02　选择"图像|调整|匹配颜色"命令，打开"匹配颜色"对话框。设置匹配图像的源为"无"，勾选"中和"复选框，这样"匹配颜色"命令会自动移去目标图层中的色偏。调整"明亮度"滑块，增加目标图层的亮度，本案例设置为200，如图8.34所示。

(a) 原图　　　　　　　　(b) "匹配颜色"对话框　　　　　　　(c) 调整效果

图8.34　使用"匹配颜色"命令

步骤 03 考虑到"匹配颜色"命令容易出现校正过度和饱和度不足等问题,最后再添加色彩平衡调整图层,调整颜色匹配后的色彩效果,如图 8.35 所示。

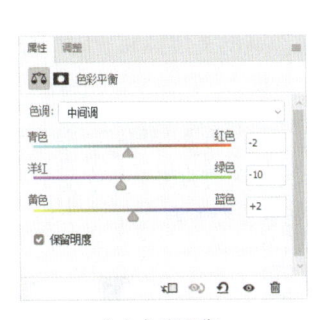

(a) 色彩平衡 　　(b) 最后调整效果

图 8.35　添加色彩平衡调整图层

8.3　特殊颜色控制命令

本节将介绍 Photoshop 中的特殊颜色控制命令,如反相、阈值、色调分离、去色和渐变映射等。

8.3.1　反相

"反相"命令可以将像素的颜色改变为它们的互补色,如白变黑、黑变白等。该命令是唯一不损失图像色彩信息的变换命令。

【操作方法】打开图像,选择要进行反相的内容,如图层、通道、选取范围或整个图像。选择"图像 | 调整 | 反相"命令,或按 Ctrl+I 组合键,反相效果如图 8.36 所示。

扫一扫,看视频

(a) 原图 　　(b) 调整效果

图 8.36　使用"反相"命令

▶ 提示

若连续执行两次"反相"命令,则图像先反相、后还原。

8.3.2 阈值

"阈值"命令可以将一幅彩色图像或灰度图像转换为只有黑白两种色调的高对比度的图像。该命令会根据图像像素的亮度值将它们一分为二,一部分用黑色表示;另一部分用白色表示。

【操作方法】打开图像,然后选择"图像 | 调整 | 阈值"命令,打开"阈值"对话框,如图 8.37 所示。图像黑白像素的分配由"阈值色阶"文本框指定,其变化范围为 1 ~ 255。阈值色阶的值越大,黑色像素分布越广;反之,阈值色阶的值越小,白色像素分布越广。

(a) 原图　　　　　(b)"阈值"对话框　　　　　(c) 调整效果

图 8.37　使用"阈值"命令

8.3.3 色调分离

"色调分离"命令可以指定图像中每个通道的色调级(或亮度值)的数目,然后将这些像素映射为最接近的匹配色调。"色调分离"命令与"阈值"命令的功能类似,"阈值"命令在任何情况下都只考虑两种色调,而"色调分离"命令的色调可以指定为 2 ~ 255 之间的任何一个值。

【操作方法】打开图像,然后选择"图像 | 调整 | 色调分离"命令,打开"色调分离"对话框。色阶值越小,图像色彩变化越大;色阶值越大,图像色彩变化越小,如图 8.38 所示。

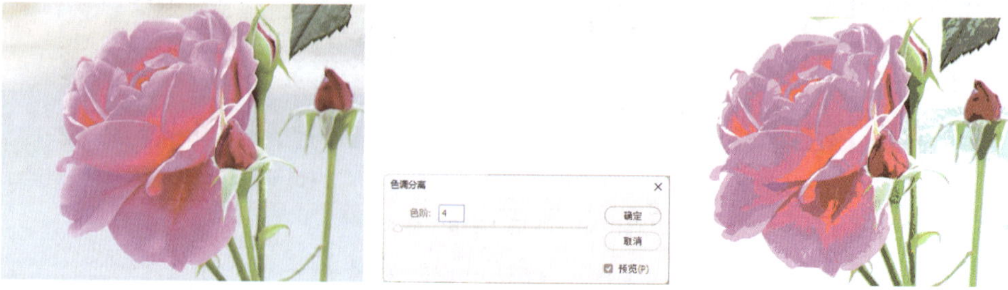

(a) 原图　　　　　(b)"色调分离"对话框　　　　　(c) 调整效果

图 8.38　使用"色调分离"命令

8.3.4 去色

"去色"命令可以去除图像的饱和色彩,将图像中所有颜色的饱和度都变为 0,即将图像转变为灰度图像。但与使用"图像 | 模式 | 灰度"命令转换为灰度图像的方法不同,使用"去色"命令处理后的图像不会改变图像的颜色模式,只是失去了彩色的颜色。

【操作方法】打开图像,选择"图像 | 调整 | 去色"命令,或按 Ctrl+Shift+U 组合键,去色效果如图 8.39 所示。

(a) 原图　　　　　　　　　　　　(b) 调整效果

图 8.39　使用"去色"命令

▶ 提示

"去色"命令的最方便之处在于可以对图像的某一选择区域进行转换。

▶ 试一试

使用"黑白"命令也可以将彩色图像转换为灰色图像,但是该命令提供了一个对话框,允许设置红色、绿色、蓝色、青色、洋红色和黄色等颜色的色调深浅,使灰色图像的色调可以调节,使灰色图像更富有层次。

8.3.5 渐变映射

"渐变映射"命令可以将预设的渐变模式作用于图像。该命令先对所处理的图像进行分析,然后根据图像中每个像素的亮度,使用所选渐变模式中的颜色替代,这样从结果图像中往往仍然能够看出原图像的轮廓。

【操作方法】打开图像,然后选择"图像 | 调整 | 渐变映射"命令,打开"渐变映射"对话框。从中选择一种渐变预设,如图 8.40 所示。

"渐变映射"对话框中的主要选项说明如下。
- 仿色:勾选该复选框,控制效果图像中的像素是否仿色,这主要体现在反差较大的像素边缘。
- 反向:勾选该复选框,将产生原渐变图像的反转图像。

(a) 原图　　　　　　　　(b) "渐变映射"对话框　　　　　　　　(c) 调整效果

图 8.40　使用"渐变映射"命令

8.3.6　课堂案例：使用"阈值"命令查找照片中的黑场、白场和灰场

■ 案例位置：案例与素材 \8\8.3.6\demo.psd
■ 素材位置：案例与素材 \8\8.3.6\1.jpg

扫一扫，看视频

黑场和白场是印刷术语，黑场是指图像中最暗的地方，白场是指图像中最亮的地方。通过控制黑场和白场，可以控制整个图像的色调，使图像色调层次分布得更合理。通过控制黑场，使暗调归于正常，避免图像画面肤浅。通过控制白场，使色调归于正常，避免图像画面沉闷。

【操作步骤】

步骤 01　打开素材文件（1.jpg），按 Ctrl+J 组合键复制图像到新图层。

步骤 02　查找照片中的黑场。在"图层"面板中创建阈值调整图层，命名为"黑场"。在"属性"面板中的"阈值色阶"文本框中逐一输入较小的整数，直到发现存在黑色像素为止，则可以确定它就是黑场。也可以先拖动滑块找到范围，再输入数字精确查找。

步骤 03　在工具箱中选择"颜色取样器工具"，然后在工具选项栏中设置取样点为 1 像素。在图像编辑窗口中单击黑色区域，标记黑场的位置，如图 8.41 所示。

步骤 04　查找照片中的白场。在"图层"面板中隐藏黑场调整图层，再创建阈值调整图层，命名为"白场"。在"属性"面板中拖动滑块到最右侧，此时图像变成一片黑色，然后慢慢地向左拖动滑块，此时会发现图像中的白色像素不断涌现，最先出现的白色像素区域就是图像中最亮的部分，也就是所谓的白场。如果使用鼠标拖动不好精确控制，也可以在"阈值色阶"文本框中输入数值进行精确查找。

步骤 05　在工具箱中选择"颜色取样器工具"，然后在工具选项栏中设置取样点为 1 像素。在图像编辑窗口中单击白色区域，标记白场的位置，如图 8.42 所示。

步骤 06　切换到"图层"面板，隐藏阈值调整图层，则可以看到图像中黑场和白场的位置，如图 8.43 所示。

步骤 07　查找照片中的灰场。在"图层"面板中创建纯色填充调整图层，将填充色设置为 #808080，即 50% 灰色（中性灰色、中间灰色），并确保纯色填充调整图层位于图像图层之上、阈值调整图层之下。

160

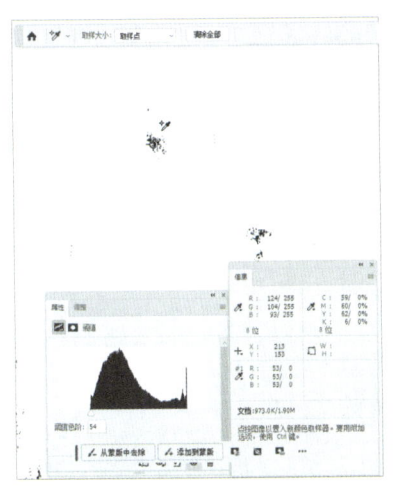

图 8.41　查找黑场 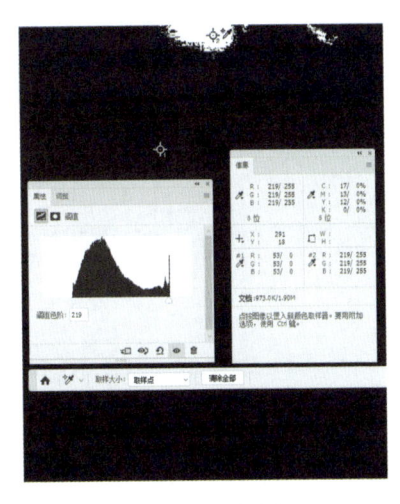　　　　　　　　　　　图 8.42　查找白场

步骤 08 设置纯色填充调整图层的图层混合模式为"差值"。差值混合模式能够将要混合的上下图层 RGB 值中的每个值分别进行比较，然后使用高值减去低值作为合成后的颜色。因此，任何灰度值与 50% 灰度值相减，结果灰度值总是小于中间性灰度值，通过这种方式可以找出图像中的灰场位置，如图 8.44 所示。

图 8.43　查看黑场和白场的位置 　　　　　图 8.44　创建纯色填充调整图层

步骤 09 在"图层"面板中创建阈值调整图层，命名为"灰场"。在"属性"面板中拖动滑块到最左侧，此时图像变成一片空白。然后慢慢地向右拖动滑块，此时会发现图像中的黑色像素不断涌现。最先出现的黑色像素区域就是图像中最暗的部分，也就是所谓的灰场。如果使用鼠标拖动不好精确控制，可以在"阈值色阶"文本框中先输入 1，然后逐个输入 2、3……来查看第一个出现的黑色像素点。为了方便观察，不妨先确定黑色像素出现的区域，然后使用缩放工具放大图像。

步骤 10 在工具箱中选择"颜色取样器工具"，在工具选项栏中设置取样点为 1 像素。在图像编辑窗口中单击黑色区域，标记灰场的位置，如图 8.45 所示。

161

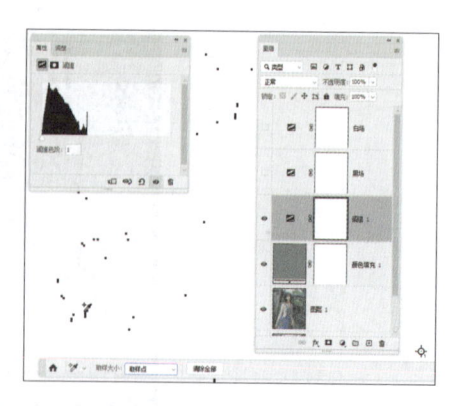

图 8.45　标记灰场位置

步骤 11　切换到"图层"面板，隐藏阈值调整图层和纯色填充调整图层，则可以看到图像中黑场、白场和灰场的位置。

步骤 12　新建色阶调整图层，在"属性"面板中分别单击黑色吸管（ ）、白色吸管（ ）和灰色吸管（ ），然后分别单击标记 1、标记 2 和标记 3 点的位置，如图 8.46 所示。

图 8.46　使用"色阶"命令矫正照片色调

步骤 13　使用"色阶"命令调整前后的照片效果对比，如图 8.47 所示。

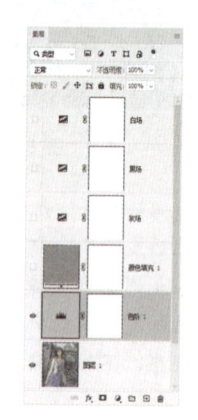

（a）原图　　　　　　　　（b）操作图层　　　　　　　（c）调整效果

图 8.47　使用"色阶"命令调整照片色调

8.4 本章小结

本章介绍了"图像|调整"子菜单中各命令的功能和基本用法，初步掌握使用这些命令调整图像的色相、亮度、饱和度和对比度的方法，能够根据实际需要调配不同色彩的照片效果。当完全熟悉这些调整命令的原理后，还可以设计更多精美的照片作品。

8.5 课后习题

1. 填空题

（1）通过 _____ 面板可以查看整个图像或选区中的色调分布情况。
（2）按 _____ 键，可以打开"色相/饱和度"对话框。
（3）如果要在改变颜色的同时保持原来图像的亮度值，则要勾选"色彩平衡"对话框中的 _____ 复选框，以防止在改变颜色时更改了图像中的亮度值。
（4）如果要去掉一幅彩色图像的彩色部分，可以使用 _____ 和 _____ 命令。

2. 选择题

（1）"自动对比度"命令的功能是 _____ 。
　　A. 可以对图像中不正常的高光或阴影区域进行初步处理
　　B. 可以让系统自动地调整图像亮部和暗部的对比度
　　C. 可以自动地完成颜色校正
　　D. 以上都不对
（2）可以将黑白图像变成彩色图像的命令是 _____ 。
　　A. 色彩平衡　　　　　　　　　　　B. 亮度/对比度
　　C. 色相/饱和度　　　　　　　　　 D. 选择颜色
（3）使用 _____ 命令可以提升色调太暗图像的亮度。
　　A. 曲线　　　　　　　　　　　　　B. 黑白
　　C. 替换颜色　　　　　　　　　　　D. 以上都可以
（4）"色阶"命令主要用于调整图像的 _____ 。
　　A. 明暗度　　　B. 色相　　　C. 对比度　　　D. 以上都对
（5）为了更精密地调节曲线，在"曲线"对话框中按住 _____ 键不放，单击表格可加大网格线密度，再单击可恢复原状。
　　A. Alt　　　　　B. Shift　　　　C. Ctrl　　　　D. Backspace

3. 判断题

（1）"色阶"命令通过设置色彩的明暗度来改变图像的明暗及反差效果。　　（　）
（2）"色相/饱和度"命令不能用来调整图像的明度。　　　　　　　　　　（　）
（3）"阈值"命令可以将灰度图像或彩色图像转换为高对比度的黑白图像。（　）
（4）"反相"命令可以将一个正片黑白图像变成负片。　　　　　　　　　（　）
（5）在 CMYK 模式下，"阴影/高光"命令不可以使用。　　　　　　　　（　）

163

4. 简答题

（1）简述"色阶"对话框中的主要调整方法。

（2）简述"曲线"对话框中的主要调整方法。

5. 上机练习

（1）打开练习素材（位置：案例与素材\8\上机练习素材\1.jpg），使用"色阶"命令调整图像色偏问题，如图 8.48 所示。

(a) 原图　　　　(b) 效果图

图 8.48　练习效果（1）

（2）打开练习素材（位置：案例与素材\8\上机练习素材\2.jpg），思考选用什么命令来调整图像曝光不足的问题，同时尽量减少损失，如图 8.49 所示。

> ▶ 提示
>
> 　　曝光度与亮度是有区别的，亮度表示图像的整体明暗程度，而曝光度则表示图像的高光区域的明暗程度。当调整图像的亮度时，会针对整幅图像的暗调、中间调和高光区域，曝光度不会影响图像的暗调区域，仅调整高光区域。

(a) 原图　　　　(b) 效果图

图 8.49　练习效果（2）

第 9 章　滤　镜

🔊 **学习目标**

- 了解滤镜。
- 掌握滤镜的一般使用技巧。
- 灵活使用常用滤镜。

　　使用 Photoshop 滤镜可以改变图像像素的位置和颜色，快速制作各种特效。滤镜可以产生许多光怪陆离、千变万化的艺术效果；可以校正照片中的镜头缺陷，模拟各种绘画效果；还可以编辑选区、蒙版、通道。因此，在图像处理中，滤镜起到画龙点睛的作用。

9.1 智能滤镜

Photoshop 滤镜位于"滤镜"菜单中,可以直接选择使用,也可以通过智能滤镜的方式使用。

9.1.1 使用智能滤镜

与"图像调整"命令一样,"滤镜"命令会破坏图像原像素且无法恢复和再修改。智能滤镜类似于调整图层,将"滤镜"命令封装到一个智能对象图层上,因此它具有非破坏性和可再编辑能力。

扫一扫,看视频

▶ 提示

除了液化、消失点等少数几个滤镜外,其他滤镜都可以作为智能滤镜使用。

【操作方法】①打开图像,选择"滤镜|转换为智能滤镜"命令,打开一个提示对话框;②单击"确定"按钮,此时当前图层被转换为智能对象,以启用可重新编辑的智能滤镜,此时图层缩览图的右下角显示一个 图标;③选择"滤镜|风格化|油画"命令,打开"油画"对话框,保持默认设置,单击"确定"按钮,为当前图层应用油画滤镜,如图9.1所示。

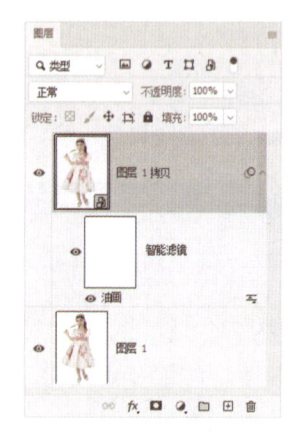

(a)原图　　　　　　(b)"图层"面板　　　　　　(c)滤镜效果

图 9.1　应用智能滤镜

应用智能滤镜之后,在"图层"面板中双击滤镜的名称(如油画),可以打开该滤镜的对话框,重新编辑滤镜参数。单击"智能滤镜"图层前面的眼睛图标( ),可以关闭或开启当前滤镜。

按住 Alt 键,单击智能滤镜缩览图,在图像窗口切换到智能滤镜蒙版编辑状态。在此可以编辑蒙版,使用黑色遮盖不需要应用滤镜的区域,如图9.2所示。

双击滤镜名称后面的 图标,可以打开"混合选项(油画)"对话框,设置智能滤镜混合模式,如图9.3所示。

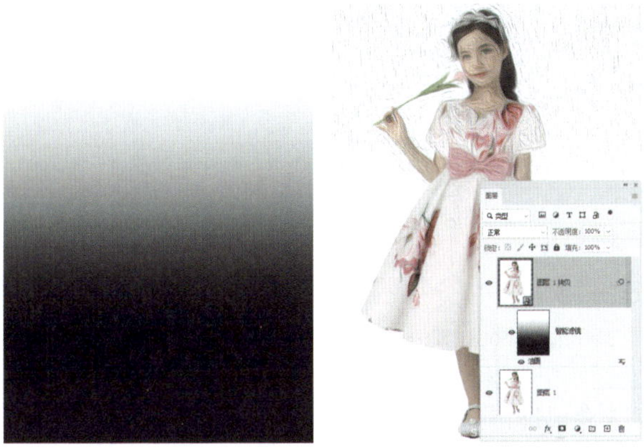

(a) 编辑蒙版　　　(b) 滤镜遮盖效果

图 9.2　为滤镜应用蒙版

图 9.3　为滤镜应用混合模式

可以为一个智能滤镜对象应用多个滤镜命令。例如，针对上面的案例，在"图层"面板中选中应用了智能滤镜的图层，然后选择"滤镜 | 风格化 | 等高线"命令，打开"等高线"对话框。保持默认设置，单击"确定"按钮，为当前图层应用等高线滤镜，如图 9.4 所示。

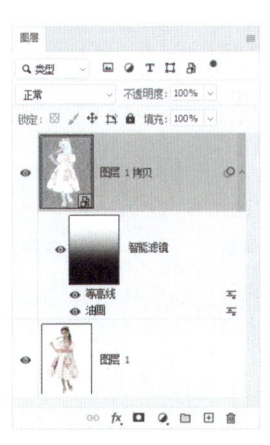

(a)"图层"面板　　　(b) 滤镜效果

图 9.4　为智能滤镜对象应用多个滤镜命令

按住 Alt 键，拖曳"智能滤镜"图层名称，或者应用智能滤镜的图层后面的图标，可以复制智能滤镜包含的所有滤镜命令。拖曳"智能滤镜"名称到"图层"面板底部的"删除图层"按钮（🗑）上可以删除智能滤镜包含的所有滤镜。拖曳某个滤镜名称到"图层"面板底部的"删除图层"按钮（🗑）上可以删除具体的滤镜。

▶ 提示

在"图层 | 智能滤镜"子菜单中，可以选择停用智能滤镜、删除滤镜蒙版、停用滤镜蒙版、清除智能滤镜。右击应用了智能滤镜的图层，从弹出的快捷菜单中选择"转换为图层"命令，可以把当前图层转换为普通图层，此时图层缩览图右下角就没有了图标。

9.1.2 课堂案例：设计七彩文字

■案例位置：案例与素材\9\9.1.2\demo.psd

本案例主要使用添加杂色、晶格化滤镜制作一个具有七彩效果的文字。

扫一扫，看视频

【操作步骤】

步骤 01 新建文档，设置为 Photoshop 默认大小。

步骤 02 使用文本工具输入文本，如 Photoshop，选项设置：华文琥珀、72 点、黑色。

步骤 03 选择"滤镜 | 转换为智能滤镜"命令，打开一个提示对话框。单击"确定"按钮，将当前文字图层转换为智能对象，应用智能滤镜。

步骤 04 选择"滤镜 | 杂色 | 添加杂色"命令，打开"添加杂色"对话框。选项设置：数量 200、高斯分布，然后单击"确定"按钮，完成滤镜的添加。

步骤 05 选择"滤镜 | 像素化 | 晶格化"命令，打开"晶格化"对话框。选项设置：单元格大小 180，然后单击"确定"按钮，完成滤镜的添加。最后效果如图 9.5（d）所示。

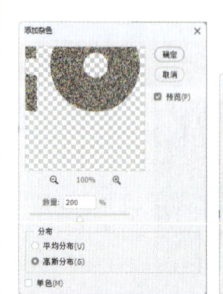

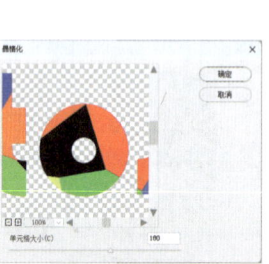

（a）添加杂色　　　　（b）晶格化　　　　（c）"图层"面板　　　　（d）文字效果

图 9.5　使用滤镜设计七彩文字

9.2　滤　镜　库

滤镜库包含六组滤镜：风格化、画笔描边、扭曲、素描、纹理、艺术效果，其中每组又包含多个不同的滤镜，特效非常丰富。

9.2.1　使用滤镜库

扫一扫，看视频

【操作方法】 ①打开图像，选择"滤镜 | 滤镜库"命令，打开"滤镜库"对话框（选择相应的滤镜后，对话框名称会变为相应滤镜的名称），如图 9.6 所示。该对话框左侧为预览区，中间部分为滤镜分组，右侧上半部分为滤镜选项设置区，右侧下半部分为添加滤镜管理区，在此可以添加、删除或隐藏滤镜。②在中间部分展开滤镜分组，然后选择一种滤镜，即可在左侧看到默认设置下的效果。③可以根据需要，尝试在右侧上半部分调整各种参数设置。④在右侧下半部分单击"新建效果图层"按钮（ ），可以应用多个滤镜，如图 9.7 所示。单击每

个滤镜名称前面的眼睛图标（ ），可以关闭或应用该滤镜。⑤单击"确定"按钮，关闭"滤镜库"对话框，即为当前图层应用滤镜效果。

图 9.6 "滤镜库"对话框

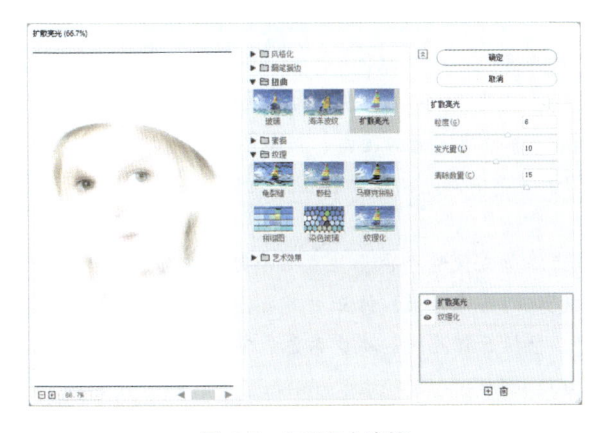

图 9.7 应用多个滤镜

▶ 注意

上面的操作会直接将滤镜效果应用到当前图层图像上，无法重新修改。如果希望可以再次编辑，在进行上面的操作之前，先选择"滤镜 | 转换为智能滤镜"命令，将当前图层转换为智能对象，以启用可重新编辑的智能滤镜。

9.2.2 认识内部滤镜

Photoshop 提供了 100 多个内置滤镜，除了"滤镜库"中包含的多个滤镜外，在"滤镜"菜单下直接包含了多组滤镜，简单介绍如下。

- 3D：设计 3D 效果。该组滤镜位于"滤镜 | 3D"子菜单中，包括两种滤镜：生成凹凸（高度）图、生成法线图。
- 风格化：通过置换像素和查找并增加图像的颜色对比度，产生夸张的绘画或印象派

169

效果。在"滤镜库"中包含 1 种滤镜：照亮边缘。在"滤镜 | 风格化"子菜单中包括 9 种滤镜：查找边缘、等高线、风、浮雕效果、扩散、拼贴、曝光过度、凸出、油画。

- 模糊：让像素颜色混合并均化，从而使图像产生平滑的效果。该组滤镜包括模糊和模糊画廊，分别位于"滤镜 | 模糊"和"滤镜 | 模糊画廊"子菜单中。其中，模糊包括 11 种滤镜：表面模糊、动感模糊、方框模糊、高斯模糊、进一步模糊、径向模糊、镜头模糊、模糊、平均、特殊模糊、形状模糊。模糊画廊包括 5 种滤镜：场景模糊、光圈模糊、移轴模糊、路径模糊、旋转模糊。

- 扭曲：使图像产生几何变形，模拟 3D 效果。在"滤镜库"中包含 3 种滤镜：玻璃、海洋波纹、扩散亮光；在"滤镜 | 扭曲"子菜单中包括 9 种滤镜：波浪、波纹、极坐标、挤压、切变、球面化、水波、旋转扭曲、置换。

- 锐化：与模糊滤镜组产生的效果相反，能把模糊的图像转换为清晰锐利的图像。该组滤镜位于"滤镜 | 锐化"子菜单中，包括 5 种滤镜：USM 锐化、进一步锐化、锐化、锐化边缘、智能锐化。

- 视频：用于电视图像或从其他视频信号中捕获到的图像。该组滤镜位于"滤镜 | 视频"子菜单中，包括两种滤镜：NTSC 颜色、逐行。

- 像素化：使一定大小的单元格中颜色相近的像素结成块，从而使图像产生晶格状、碎片等效果。该组滤镜位于"滤镜 | 像素化"子菜单中，包括 7 种滤镜：彩块化、彩色半调、点状化、晶格化、马赛克、碎片、铜版雕刻。

- 渲染：用于创建 3D 形状、云彩图案、折射图案和模拟光反射等效果。该组滤镜位于"滤镜 | 渲染"子菜单中，包括 7 种滤镜：火焰、图片框、树、分层云彩、镜头光晕、纤维、云彩。

- 杂色：在图像上添加或删除杂色，生成带有随机分布的像素，从而使图像变得柔和，或者模糊过于锐化的图像效果，修正并完善图像显示效果。该组滤镜位于"滤镜 | 杂色"子菜单中，包括 5 种滤镜：减少杂色、蒙尘与划痕、去斑、添加杂色、中间值。

> ▶ 提示
>
> 杂色滤镜主要用于修饰图像，如修饰扫描图像中的斑点和划痕，也常被用来制作纹理。

- 其他：可以创建个人滤镜，修改蒙版，使图像发生位移并快速调整颜色。该组滤镜位于"滤镜 | 其他"子菜单中，包括 6 种滤镜：HSB/HSL、高反差保留、位移、自定、最大值、最小值。

- 画笔描边：使用不同的画笔和油墨创造出自然绘画的描边效果。该组滤镜位于"滤镜库"中，包括 8 种滤镜：成角的线条、墨水轮廓、喷溅、喷色描边、强化的边缘、深色线条、烟灰墨、阴影线。

- 素描：可以将预设的纹理添加到图像上，或者创建逼真的手绘艺术效果。该组滤镜位于"滤镜库"中，包括 14 种滤镜：半调图案、便条纸、粉笔和炭笔、铬黄渐变、绘图笔、基底凸现、石膏效果、水彩画纸、撕边、炭笔、炭精笔、图章、网状、影印。

- 纹理：给图像添加各式各样的纹理图案。该组滤镜位于"滤镜库"中，包括 6 种滤镜：龟裂纹、颗粒、马赛克拼贴、拼缀图、染色玻璃、纹理化。

- 艺术效果：模拟传统艺术效果，创建类似彩色铅笔绘画、蜡笔画、油画以及木刻作品等特殊效果。该组滤镜位于"滤镜库"中，包括15种滤镜：壁画、彩色铅笔、粗糙蜡笔、底纹效果、调色刀、干画笔、海报边缘、海绵、绘画涂抹、胶片颗粒、木刻、霓虹灯光、水彩、塑料包装、涂抹棒。

9.2.3 课堂案例：制作户外墙面涂鸦

■案例位置：案例与素材 \9\9.2.3\demo.psd
■素材位置：案例与素材 \9\9.2.3\1.png、2.png

本案例利用油画滤镜和图层样式设计户外墙面涂鸦效果。

【操作步骤】

步骤 01 打开素材文件（1.png、2.png），抠取素材1.png中的人物，复制到素材2.png中，另存为demo.psd。

步骤 02 按Ctrl+J组合键复制人物图层（图层2）。选择"滤镜|转换为智能滤镜"命令，打开一个提示对话框。单击"确定"按钮，将当前的人物复制图层转换为智能对象，应用智能滤镜。

步骤 03 选择"滤镜|滤镜库"命令，打开"滤镜库"对话框，在"纹理"分组中单击"纹理化"滤镜。再在右下半部分添加一个新的效果图层。在"艺术效果"分组中单击"壁画"滤镜，为当前图层应用两个滤镜特效，如图9.8所示。最后单击"确定"按钮完成操作，关闭对话框。

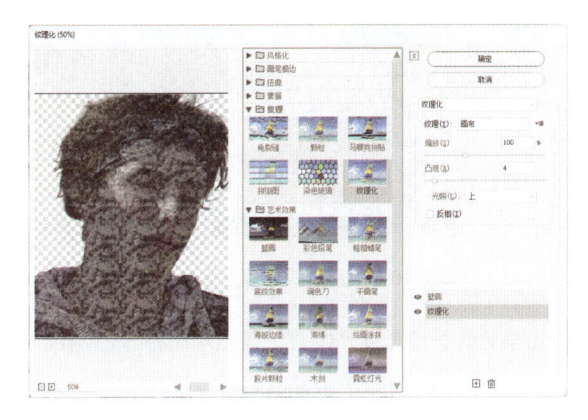

图9.8 应用滤镜

步骤 04 在"图层"面板底部单击"添加图层样式"按钮（fx），从打开的菜单中选择"混合选项"命令，打开"图层样式"对话框。按住Alt键，单击"下一图层"右侧的白色滑块，将滑块分开，然后使用鼠标分别拖曳滑块左右两部分，边拖曳边在图像窗口中查看效果，使下面图层的墙面透视出来，如图9.9所示。

步骤 05 显示下一层的人物图层，为其添加图层蒙版。按Ctrl键单击该图层，调出人物选区。按Alt键，单击蒙版缩览图，切换到蒙版编辑窗口。按Shift+F6组合键，羽化选区20像素。按Ctrl+Shift+I组合键，反选选区。然后使用黑色填充选区，遮盖不需要的内容。使用画笔工具，设置大小为80像素、硬度为0%、不透明度为50%、前景色为黑色，涂抹过于明显、生硬的人物边缘。

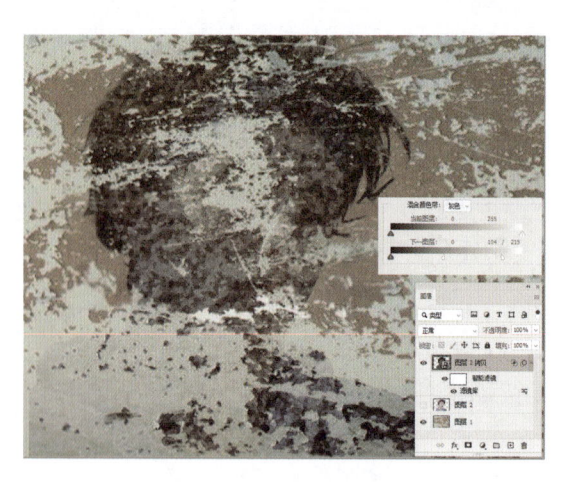

图9.9 应用混合样式

步骤 06 按 Ctrl+A 组合键全选蒙版，按 Ctrl+C 组合键复制蒙版。切换到复制人物图层，为其添加蒙版；切换到蒙版编辑窗口，按 Ctrl+V 组合键粘贴蒙版。效果如图 9.10 所示。

图9.10 使用蒙版遮盖生硬的边缘

步骤 07 设置人物图层的混合模式为"强光"，提亮人物轮廓，最后设计效果如图 9.11 所示。

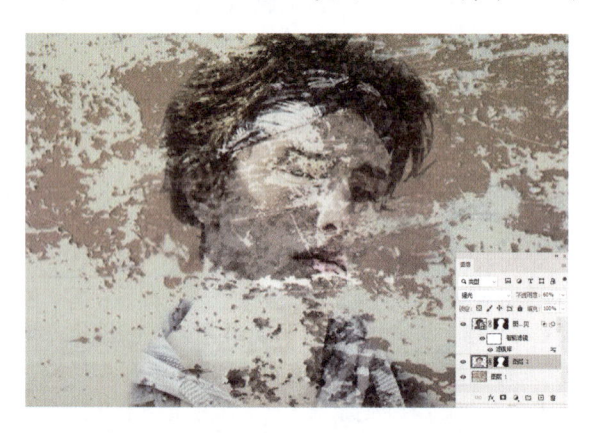

图9.11 使用强光混合模式增强人物轮廓

9.3 神经网络滤镜

在"滤镜"菜单中有一个 Neural Filters（神经网络滤镜）选项，它是一个 AI 滤镜组，类似于"滤镜库"。这些滤镜需要从 Adobe 官网下载后才能使用。

9.3.1 使用神经网络滤镜

【操作方法】打开图像，选择"滤镜 | Neural Filters"命令，打开 Neural Filters 面板，如图 9.12 所示。面板左侧为滤镜列表，右侧为滤镜选项设置，底部为图层控制、"确定"和"取消"按钮。

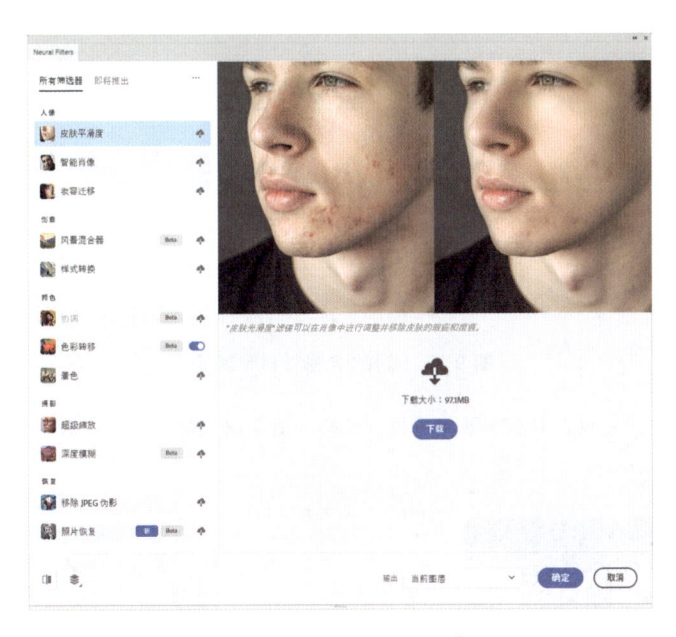

图 9.12　Neural Filters 面板

Beta 表示测试版滤镜，它与"即将推出"的滤镜都属于测试滤镜，目前还不是成熟版本。单击 图标可以在线下载滤镜，下载之前需要注册 Adobe ID 并登录。

9.3.2 课堂案例：色彩转移

■ 案例位置：案例与素材 \9\9.3.2\demo.psd
■ 素材位置：案例与素材 \9\9.3.2\1.png

本案例利用神经网络滤镜中的"色彩转移"滤镜实现人物的色彩转换。

【操作步骤】

步骤 01　打开素材文件（1.png），按 Ctrl+J 组合键复制图像到新图层。

步骤 02 选择"滤镜|转换为智能滤镜"命令,打开提示对话框。单击"确定"按钮,将当前图层转换为智能对象,应用智能滤镜。

步骤 03 选择"滤镜 | Neural Filters"命令,打开 Neural Filters 面板,在面板左侧选择"颜色"分组下的"色彩转移"滤镜选项,在右侧选择一种色彩图像,其他选项保持默认,如图 9.13 所示。

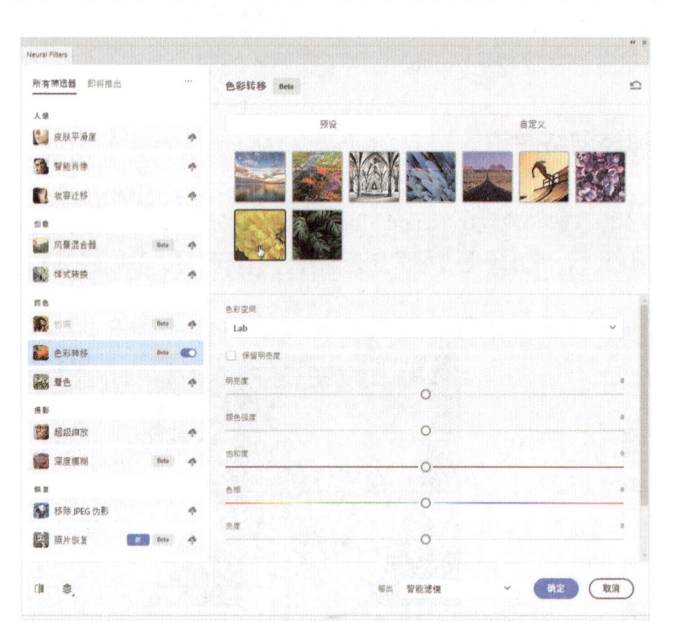

图 9.13 选择"色彩转移"滤镜

步骤 04 单击"确定"按钮,应用滤镜,效果如图 9.14 所示。

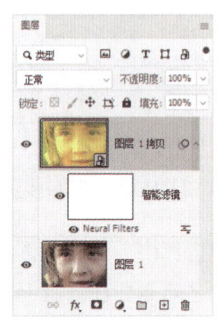

(a)原图　　　　　　　(b)"图层"面板　　　　　　　(c)滤镜效果

图 9.14 应用"色彩转移"滤镜

9.4　消失点滤镜

在"滤镜"菜单中有一个"消失点"选项,它是一个透视滤镜,可以在一个透视平面上进行绘图、复制和粘贴等操作,确保操作对象符合透视视图要求。

9.4.1 使用消失点滤镜

▨素材位置：案例与素材 \9\9.4.1\1.png、2.png

✖【操作步骤】

步骤 01 打开素材图像（1.png、2.png），在素材 2.png 中按 Ctrl+A 组合键全选图像，按 Ctrl+C 组合键复制图像。

步骤 02 在素材 1.png 中按 Ctrl+J 组合键复制图像图层，另存为 demo.psd。

步骤 03 选择"滤镜 | 消失点"命令，打开"消失点"面板，如图 9.15 所示。面板左侧为一组工具箱，顶部为工具选项栏，顶部右侧是"确定"和"取消"按钮，中间大部分区域为图像预览窗口。

图 9.15 "消失点"面板

步骤 04 在左侧工具箱中选择"创建平面工具" ▦（默认已经选中），沿着墙缝单击 4 个顶点，绘制平面视图，如图 9.16 所示。此时 Photoshop 会自动连接 4 点，选择"编辑平面工具" ▶，可以调整控制点或平面的大小和位置，如图 9.17 所示。

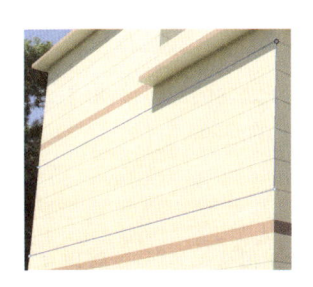

图 9.16 绘制平面视图　　　　　图 9.17 编辑平面

步骤 05 按 Ctrl+V 组合键粘贴复制的图像。在左侧工具箱中选择"变换工具"，按住 Shift 键等比调整图像大小，然后拖曳到上面创建的平面中，如图 9.18 所示。此时会发现图像自动调整视图，以适应平面的透视效果。

步骤 06 在平面内可以进一步调整图像的大小和位置，最后单击"确定"按钮，完成操作，效果如图 9.19 所示。

175

图9.18 调整图像的大小和位置并拖入平面　　　　图9.19 透视效果

左侧工具箱中的按钮从上到下说明如下。

- 编辑平面工具（▶）：选择、编辑、移动平面和调整平面大小。
- 创建平面工具（▦）：定义平面的4个顶点、调整平面的大小和形状并拖出新的平面。
- 选框工具（▢）：建立矩形选区，同时移动或仿制选区。在平面中双击"选框工具"可选择整个平面。
- 图章工具（▣）：使用图像的一个采样点样本绘画。与仿制图章工具不同，消失点中的图章工具不能仿制其他图像中的元素。
- 画笔工具（✦）：在平面中绘制选定的颜色。
- 变换工具（▨）：通过移动外框手柄来缩放、旋转和移动浮动选区。该操作类似于在矩形选区上使用"自由变换"命令。
- 吸管工具（✦）：在预览窗口中单击时，选择一种用于绘画的颜色。
- 缩放工具（🔍）：在预览窗口中放大或缩小图像的视图。
- 抓手工具（✋）：在预览窗口中移动图像。

9.4.2 课堂案例：清除木地板上的物体

■案例位置：案例与素材 \9\9.4.2\demo.psd
■素材位置：案例与素材 \9\9.4.2\1.png

扫一扫，看视频

使用消失点滤镜能精确去除前景物，在处理图像时该滤镜会自动按透视进行调整操作，解决了修补工具无法处理透视的问题。

【操作步骤】

步骤 01 打开素材文件（1.png）。如果直接使用"仿制图章工具"，则将图中地板上的狗和物体移除是非常困难的，因为仿制图章工具不能很好地处理透视。

步骤 02 按 Ctrl+J 组合键复制图层。选择"滤镜|消失点"命令，打开"消失点"面板，创建透视平面，然后使用"编辑平面工具"▶调整透视面能够包括这些物体为止，如图9.20所示。

> ▶ 提示
>
> 如果透视正确，将以蓝色显示网格。如果看到的是黄色或红色框线，则说明透视平面不正确。

图 9.20　创建并调整平面的大小和位置

步骤 03 将地板上的绳索、刷子和狗去除掉。选择左侧工具箱中的图章工具（ ），用法与前面章节介绍的仿制图章工具相同。在选项栏中可以设置大一点的笔刷，按 Alt 键单击采样点，复制地板，然后顺着木地板的缝隙一点点地将绳索、刷子和狗去除，如图 9.21 所示。

图 9.21　使用图章工具慢慢清除物体

步骤 04 修复过程需要耐心和细心，可以反复修复，直到不留痕迹为止。修复满意之后，单击"确定"按钮完成操作，修复前后对比如图 9.22 所示。

(a) 原图　　　　　　　　　　　　　　(b) 修复效果

图 9.22　使用消失点滤镜修复图像效果

> **▶提示**
>
> 可以使用"选框工具"或者"画笔工具"在维持一致的透视情况下编辑图像。例如，使用"选框工具"选择远在物体下面的地板，然后拖动选区覆盖在物体上。一旦复制选框选区，就可以在对话框顶部设置工具选项参数，以无缝过渡复制选区到周围环境中。

9.5 Camera Raw 滤镜

Camera Raw 滤镜（简称 CR）是一种摄影后期处理工具，可以对 Raw 格式的照片进行精细的调整和增强，以实现更加完美的影像效果。Raw 格式能够保留相机传感器捕捉的所有原始数据。

9.5.1 使用 Camera Raw 滤镜

扫一扫，看视频

Camera Raw 滤镜的基本功能：可以对照片进行细致的调整，如曝光、对比度、饱和度、锐度、色温等，修复照片的缺陷，增强细节和色彩，使照片更加生动逼真。Camera Raw 滤镜的高级功能：可以对照片进行更加独特和个性化的处理，如渐变映射、曲线调整、色彩校正等，实现更加精细和复杂的图像效果。

【操作方法】打开图像，选择"滤镜 | Camera Raw 滤镜"命令，打开 Camera Raw 窗口，如图 9.23 所示。整个界面包括图像预览区（左侧）、选项卡（右侧）、工具箱（右侧边缘）。底部为视图控制按钮，以及"确定"和"取消"按钮。工具箱中的按钮与 Photoshop 工具箱中的相应按钮功能和操作方法相同。当选择不同的工具按钮时，选项卡区域会显示该工具的选项设置。

图 9.23 Camera Raw 窗口

Camera Raw 的主要功能说明如下，如图 9.24 所示。

- 编辑（ ）：在默认状态下，选项卡中会显示基本选项列表，包括亮、颜色、效果、曲线、混色器、颜色分级、细节、光学、镜头和校准。
- 几何（ ）：单击工具箱中的"几何"按钮，在选项卡中可以校正倾斜和扭曲的照片，如调整垂直、水平透视，对其进行旋转、修改长宽比、等比缩放，以及横向和纵向补正。
- 修复（ ）：单击工具箱中的"修复"按钮，在选项卡中可以对照片进行专项修复操作，如内容识别移除、画笔修复和仿制图章修复。
- 创建新蒙版（ ）：单击工具箱中的"蒙版"按钮，可以创建蒙版，对图像进行局部编辑。
- 红眼（ ）：单击工具箱中的"红眼"按钮，在选项卡中可以设置瞳孔和变暗参数，修正照片红眼现象。该选项与 Photoshop 的红眼工具功能相似。
- 预设（ ）：单击工具箱中的"预设"按钮，在选项卡中可以选择一种预设效果，快速调整照片效果。

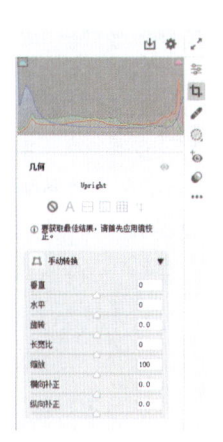

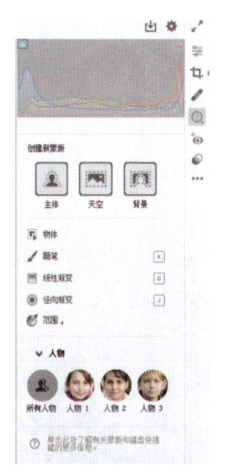

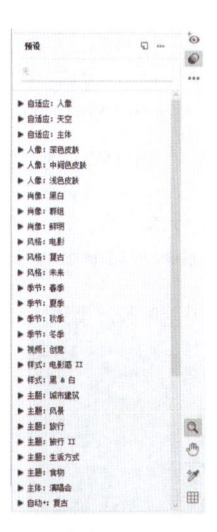

(a) 编辑　　　　　　　　(b) 几何　　　　　　　　(c) 修复

(d) 创建新蒙版　　　　　　(e) 预设

图 9.24　Camera Raw 的主要功能

9.5.2 课堂案例：照片调色

■ 案例位置：案例与素材 \9\9.5.2\demo.psd
■ 素材位置：案例与素材 \9\9.5.2\1.png

本案例利用 Camera Raw 滤镜对照片进行调色。

【操作步骤】

步骤 01 打开素材文件（1.png），按 Ctrl+J 组合键复制图像到新图层。

步骤 02 选择"滤镜 | 转换为智能滤镜"命令，将当前图层转换为智能对象，应用智能滤镜。

步骤 03 选择"滤镜 | Camera Raw 滤镜"命令，打开 Camera Raw 窗口。在"编辑"选项卡中设置基本选项，具体参数设置如下，如图9.25所示。

- "亮"选项组：曝光为1.2，照片偏暗，适当提高曝光度；对比度为20，画面较平，适当提高图像对比度；黑色为100，设置黑场，提升照片整体亮度。
- "颜色"选项组：色温为-20，衬托大面积蓝色大海的冷色；色调为-10，适当降低一点亮度。
- "效果"选项组：清晰度为100，画面整体灰蒙蒙的感觉，极力提升画面的清晰度。
- "混色器"选项组：选择"饱和度"选项，在下面设置蓝色为50，适度恢复蓝色大海的本色。该值调整要适度，防止女士白色衬衫被蓝色浸染太重；浅绿色为50，提升女士浅绿色防晒服的颜色。

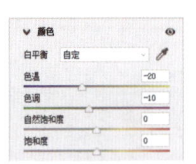

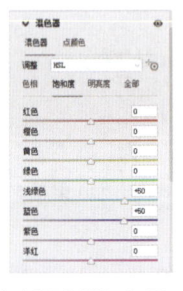

(a)"亮"选项组　　(b)"颜色"选项组　　(c)"效果"选项组　　(d)"混色器"选项组

图9.25　使用 Camera Raw 调色的主要参数

步骤 04 可以反复修改参数，一边调试一边观察预览效果。满意之后，单击"确定"按钮完成操作，照片调色前后的对比如图9.26所示。

(a) 原图　　(b) 调色效果

图9.26　使用 Camera Raw 调色效果

9.6　本章小结

本章主要以实例的方式介绍了滤镜的使用技巧。通过本章的学习，读者可以掌握使用滤镜的一般方法，了解设置不同的滤镜参数会产生截然不同的效果，从中领会制作要领，并结合实践不断积累经验，真正掌握滤镜的使用技巧。

9.7　课后习题

1. 填空题

（1）使用 _____ 组合键可以快速执行上次执行的滤镜。
（2）在"编辑"菜单中有一个 _____ 命令，或按 _____ 组合键，该命令类似于在一个单独的图层上应用混合效果，可以更改任何滤镜效果的不透明度，以及与原图的混合模式。
（3）在任一滤镜对话框中，按下 _____ 键，对话框中的"取消"按钮会变成"复位"按钮，单击该按钮可将滤镜设置恢复到刚打开对话框时的状态。
（4）在 _____ 和 _____ 模式下不能使用滤镜，_____ 和 _____ 滤镜不能使用智能滤镜。

2. 选择题

（1）下面关于滤镜功能的描述，错误的是 _____ 。
　　A. 执行滤镜功能时，如果没有选取范围，Photoshop 只对当前所选图层起作用
　　B. 执行滤镜功能时，Photoshop 只对当前所选取的范围起作用
　　C. 执行滤镜功能时，Photoshop 只对当前所选取的通道起作用
　　D. 以上都错误
（2）下面的 _____ 滤镜可以校正图像的颜色。
　　A. 液化　　　　B. 消失点　　　　C. Camera Raw　　　D. 曝光过度
（3）下面的 _____ 滤镜可以处理透视问题。
　　A. 液化　　　　B. 消失点　　　　C. Camera Raw　　　D. Neural Filters
（4）下面有关使用滤镜的相关操作，错误的是 _____ 。
　　A. 使用"编辑"菜单中的"还原"和"重做"命令可对比执行滤镜前后的效果
　　B. 在 CMYK 和 RGB 模式下均可以使用 Photoshop 中的所有滤镜功能
　　C. 对文本图层执行滤镜时，会提示先转换为普通图层之后，才可执行滤镜功能
　　D. 在任一滤镜对话框中按下 Alt 键，对话框中的"取消"按钮会变成"复位"按钮

3. 判断题

（1）滤镜处理效果是以像素为单位的，所以滤镜效果与图像的分辨率有关。　　（　　）
（2）如果使用滤镜之前没有定义选区，则滤镜会对当前图层起作用。　　　　　（　　）
（3）在位图、Lab 和 CMYK 模式下，所有的滤镜都是不能使用的。　　　　　　（　　）
（4）执行完一个滤镜命令后，在滤镜菜单的第一行中会出现刚才使用过的滤镜。单击或者按 Ctrl+F 组合键可以重复执行相同的滤镜命令。　　　　　　　　　　　　　　　（　　）

4. 简答题

（1）简述什么是智能滤镜及其作用。
（2）简述 Camera Raw 滤镜的功能。

5. 上机练习

（1）打开练习素材（位置：案例与素材\9\上机练习素材\1.png、2.png），使用消失点滤镜设计图 9.27 所示的墙贴。

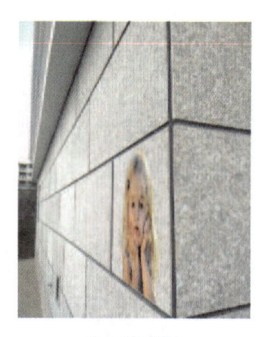

（a）原图　　　　　　　　　　　　（b）效果图

图 9.27　练习效果（1）

（2）打开练习素材（位置：案例与素材\9\上机练习素材\3.png），尝试使用 Camera Raw 滤镜调整图 9.28（a）的色调，效果如图 9.28（b）所示。

（a）原图　　　　　　　　　　　　（b）效果图

图 9.28　练习效果（2）

路　径

第**10**章

🔊 学习目标

- 了解路径的功能和特点。
- 灵活使用"钢笔工具"绘制路径。
- 可以绘制各种基本形状。
- 灵活编辑路径。

Photoshop 以编辑和处理位图图像为主，同时为了应用的需要，也包含了一定的矢量图形处理功能，以此来协助位图图像的设计。在 UI、VI、APP、Web 等设计场景中，大量的图形或界面元素需要用到矢量绘图工具，因为这些工具使用方便、灵活，设计的图形可以无损缩放。如果再配合选区、图层样式、滤镜等功能，可以表现复杂的设计效果。

10.1 建立路径

图像分为位图图像和矢量图像，矢量图像也称为矢量图形或矢量对象，在 Photoshop 中主要通过"钢笔工具"和"形状工具"绘制。本节重点介绍钢笔工具和自由钢笔工具的使用方法和技巧。

10.1.1 认识路径

矢量图像主要由锚点（简称点）和路径构成。锚点用于确定路径的位置和形式，路径表示轨迹（俗称线或线段）。可以为路径描边，也可以为封闭的路径填充颜色，进而绘制出各种图形效果。

锚点有两种类型：平滑点和角点。路径也有两种形式：直线段和曲线段。平滑点用于定义平滑的曲线段，角点用于定义直线段或转角的曲线段，如图 10.1 所示。

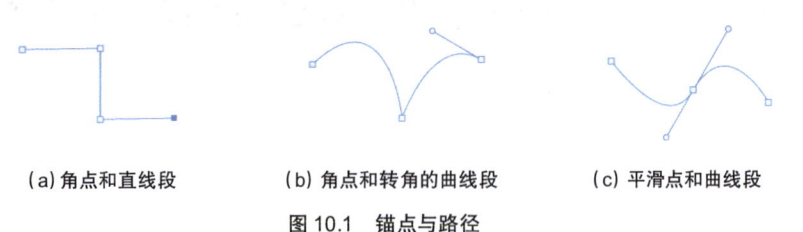

（a）角点和直线段　　　　（b）角点和转角的曲线段　　　　（c）平滑点和曲线段

图 10.1　锚点与路径

锚点标记路径的起点和终点，曲线的锚点会显示方向线，方向线的终点称为方向点，拖曳方向点可以改变方向线的角度和长短，进而改变曲线的形式。方向线指向哪个角度，曲线就向哪个角度弯曲；方向线越长，曲线的曲度就越大；方向线越短，曲线的曲度就越小，如图 10.2 所示。

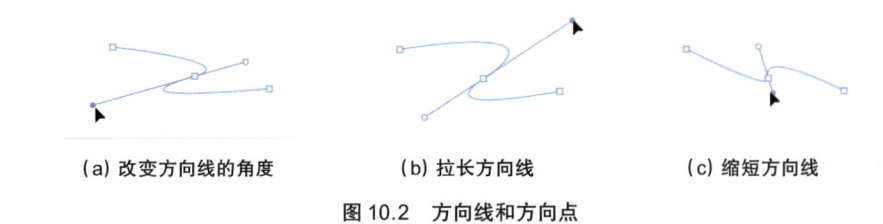

（a）改变方向线的角度　　　　（b）拉长方向线　　　　（c）缩短方向线

图 10.2　方向线和方向点

> ▶ 提示
>
> 方向线仅是辅助设计工具，不会显示在最终的图像中。在 Photoshop 中，方向点显示为空心圆形，锚点显示为空心方形，选中的锚点显示为实心方形。

> ▶ 路径的作用
>
> 路径可以转换为选区、形状图层、矢量蒙版、文字基线、填充颜色图像、使用颜色描边的图像等。因此通过转换，使用路径可以进行绘图、抠图、合成图像、创建路径文字等。

10.1.2 认识"路径"面板

选择"窗口|路径"命令,打开"路径"面板,如图10.3所示。创建路径后,会在"路径"面板中显示该路径。

"路径"面板中的主要选项说明如下。

- 路径名称:便于区分多个路径之间。双击路径名称,可以修改名称。

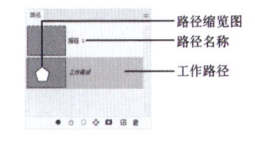

图 10.3 "路径"面板

- 路径缩览图:用于显示当前路径的内容。可以迅速地辨识每条路径的形状。
- 工作路径:以深色底色显示的路径为工作路径。在编辑路径时,只对当前工作路径起作用,并且工作路径只能有一个。切换工作路径时,只需单击路径名称即可。

"路径"面板底部的按钮从左到右按顺序介绍如下。

- 用前景色填充路径(●):单击该按钮,将以前景色填充被路径包围的区域。
- 用画笔描边路径(○):单击该按钮,可以按设置的绘图工具和前景色沿着路径进行描边。
- 将路径作为选区载入(□):单击该按钮,可以将当前工作路径转换为选区。
- 从选区生成工作路径(◇):单击该按钮,可以将当前选区转换为工作路径。该按钮只有在图像中选取了一个选区后才能使用。
- 添加图层蒙版(□):单击该按钮,可以将当前工作路径转换为图层蒙版。
- 创建新路径(＋):单击该按钮,可以创建一个新路径。
- 删除当前路径(🗑):单击该按钮,可以在"路径"面板中删除当前选定的路径。

▶ 提示

单击"路径"面板右上角的小三角按钮,打开面板菜单,从中可以选择编辑路径的命令。

10.1.3 钢笔工具

钢笔工具(⌀)是创建路径的基本工具,使用该工具可创建直线路径和曲线路径。

扫一扫,看视频

【案例1】使用"钢笔工具"绘制直线路径。
素材位置:案例与素材\10\10.1.3\1.png

✂【操作步骤】

步骤 01 打开本小节的练习素材(1.png)。首先在工具箱中选择"钢笔工具",然后移动鼠标指针至图像窗口中单击,确定路径的起点,即路径的第1个锚点。

步骤 02 将鼠标指针移到要建立第2个锚点的位置上单击,即可连接第2个锚点与起点。再将鼠标指针移到第3个锚点上单击,即可定位第3个锚点的位置。

步骤 03 按第2步中的方法绘制其他线段。当绘制线段回到起点时,如图10.4所示,在鼠标指针右下方会出现一个小圆圈(⌀。),表示终点已经连接起点,此时单击即可完成一个封闭式路径的制作。

185

(a) 指向路径起点　　　　　　　　(b) 单击完成封闭路径

图 10.4　使用"钢笔工具"绘制多边形的直线路径

▶ 技巧

在单击确定锚点的位置时，若按住 Shift 键，可按 45°、水平或垂直的方向绘制路径。

▶ 提示

在绘制路径时，可以配合选项栏进行操作。当选择"钢笔工具"后，选项栏会显示有关"钢笔工具"的属性，如图 10.5 所示。

图 10.5　"钢笔工具"的选项栏

选项栏中的第一个选项用于设置绘图模式，包括形状、路径和像素。
- 形状：当选择"形状"之后，选项栏会变成图 10.6 所示的选项。

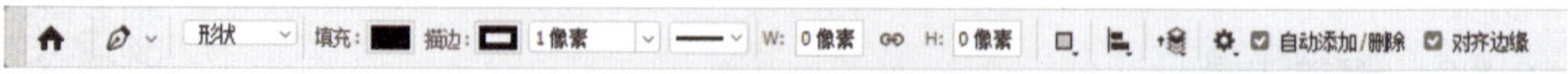

图 10.6　"形状"模式的选项栏

使用"形状"模式可以创建形状图层，包括填充区域和矢量图形，形状会同时出现在"图层"面板和"路径"面板中。创建之前，可以在其后设置填充颜色、描边颜色、描边粗细、描边样式等参数选项。
- 路径：当选择"路径"之后，选项栏会变成图 10.5 所示的选项。可以创建矢量图形，矢量图形会出现在"路径"面板中。
- 像素：当选择"像素"之后，可以在当前图层绘制以前景色填充的图像。提示，选择"形状工具"才有效。

【案例 2】使用"钢笔工具"绘制曲线路径。

✂【操作步骤】

步骤 01　为了准确规范操作，可以显示网格和标尺，并拖出几条参考线，帮助钢笔工具定点。

步骤 02　在工具箱中选择"钢笔工具"，然后移动鼠标指针至图像窗口单击并拖动，可以确定路径的起点，即路径的第 1 个锚点。

步骤 03 移动鼠标指针，在另一处单击并拖动，此时绘制出图 10.7（a）所示的曲线。用钢笔工具拖动锚点时，会产生一根方向线。方向线两端的锚点为方向点，拖动这两个方向点即可改变方向线的长度和位置，同时也就改变了曲线的形状和平滑程度。

步骤 04 继续确定路径的第 3 个锚点。将鼠标指针移到起点上单击，封闭路径，就完成了"心形"路径的基本轮廓，如图 10.7（b）所示。

步骤 05 使用"直接选择工具"对整个路径进行调整，以建立一个完美的路径，如图 10.7（c）所示。该工具的用法可参考 10.4 节的内容。

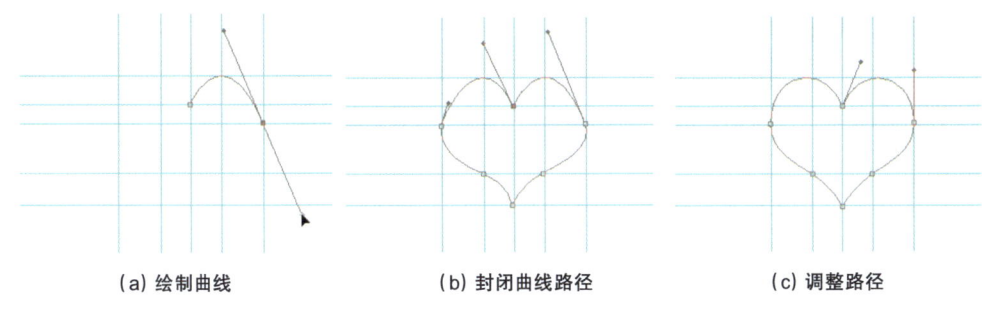

（a）绘制曲线　　　　　　（b）封闭曲线路径　　　　　　（c）调整路径

图 10.7　绘制曲线路径

10.1.4　自由钢笔工具

自由钢笔工具（ ）的功能与钢笔工具的功能基本一样，两者的主要区别在于建立路径的操作方法不同。自由钢笔工具不是通过确定锚点来建立路径，而是通过绘制曲线来建立路径。用法类似使用"铅笔工具"绘制曲线。

扫一扫，看视频

【操作方法】在工具箱中选择"自由钢笔工具"，然后在图像窗口中按住鼠标左键不放，拖动鼠标指针至适当的位置松开鼠标即可，如图 10.8 所示。

使用"自由钢笔工具"可以对未封闭的路径继续进行绘制。

【操作方法】在未完成的路径起点或终点上按下鼠标左键并拖动，到达路径的另一端点时松开鼠标，即可封闭路径，如图 10.9 所示。

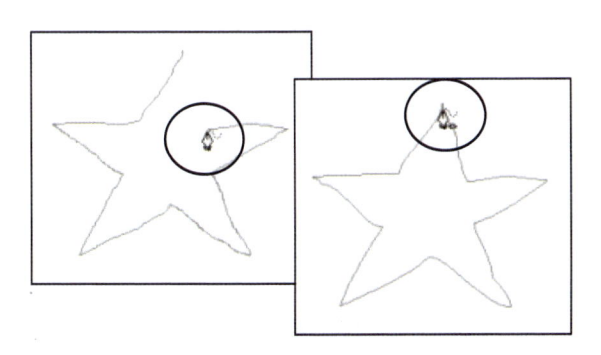

图 10.8　使用"自由钢笔工具"绘制路径 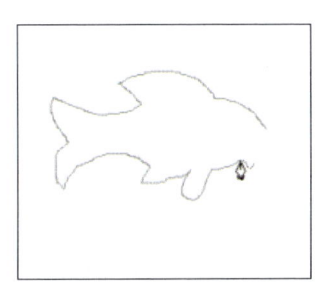　　　　图 10.9　完成封闭路径的制作

自由钢笔工具的选项与钢笔工具的选项基本相同，但多了"磁性的"复选框，如图 10.10 所示。勾选该复选框，磁性钢笔工具被激活，表明此时的自由钢笔工具具有磁性。磁性钢笔工具的功能与磁性套索工具基本相同，也是根据选取边缘在指定宽度内的不同像素值的反差来确定路径。差别在于使用"磁性钢笔工具"生成的是路径，而不是选区。

图 10.10 "自由钢笔工具"的选项栏

10.1.5 课堂案例：制作公司 Logo

■案例位置：案例与素材 \10\10.1.5\demo.psd

本案例将模拟迅雷公司 Logo 标志演示如何设计 Logo。

【操作步骤】

步骤 01 新建文档。文档设置：大小 600 像素 ×600 像素、分辨率为 300 像素 / 英寸、RGB 图像，保存为 demo.psd。按 Ctrl+R 组合键显示标尺，按 Ctrl+'组合键显示网格，从左侧和顶部拖曳几根参考线，初步界定 Logo 的大小。然后使用"钢笔工具"绘制迅雷 Logo 的一部分，如图 10.11 所示。

步骤 02 按 Ctrl+Enter 组合键将路径转换为选区，在"图层"面板新建图层。在工具箱中选择"渐变工具"，选项设置：线性渐变、左侧颜色 #6edeec、右侧颜色 #2562df。然后使用"渐变填充工具"在选区内从左下角向右上角斜拉，填充渐变色，如图 10.12 所示。

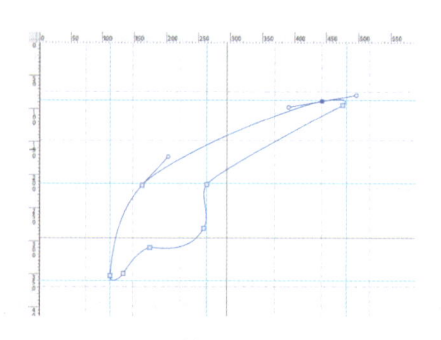

图 10.11 使用"钢笔工具"绘制路径 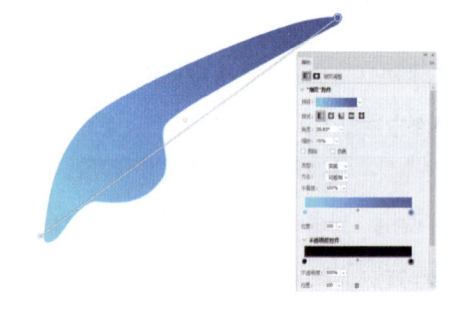   图 10.12 填充渐变色

步骤 03 为渐变图层应用图层样式：投影、内阴影和描边效果，设置和效果如图 10.13 所示。

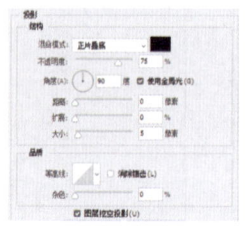

（a）设置投影 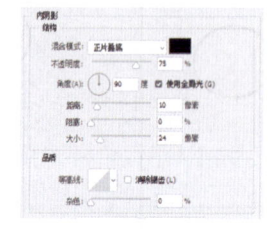   （b）设置内阴影

图 10.13 应用图层样式

188

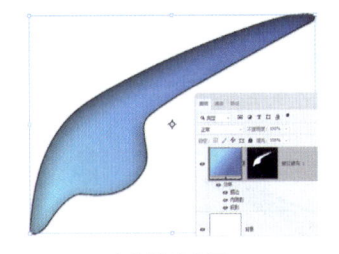

(c) 设置描边　　　　　　　　　　　　(d) 样式效果

图 10.13（续）

步骤 04 使用"钢笔工具"绘制图形高光区域。按 Ctrl+Enter 组合键将路径转换为选区。按 Shift+F6 组合键打开"羽化"对话框，羽化选区 1 像素。新建图层，命名为"高光区域"。按 Shift+F5 组合键打开"填充"对话框，使用白色填充选区。添加图层蒙版，使用"渐变填充工具"渐变隐藏下面的白色区域，如图 10.14 所示。

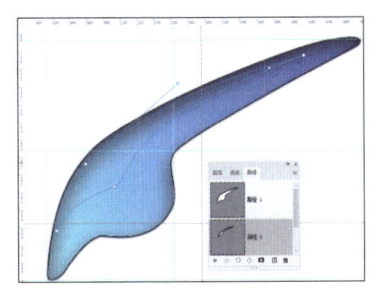

(a) 绘制高光区域路径　　　　　　　　(b) 为蒙版应用渐变

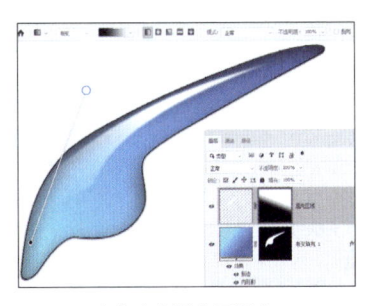

图 10.14　绘制图形高光区域

步骤 05 使用"钢笔工具"勾选底部反光区域，然后将路径转换为选区，羽化选区 1 像素。新建图层，使用白色大笔刷，设置硬度为 0%，不透明度为 25%，前景色为白色，轻轻擦拭选区，适当增亮反光区，如图 10.15 所示。

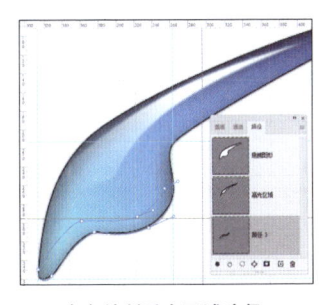

(a) 绘制反光区域路径　　　　　　　　(b) 使用画笔擦亮

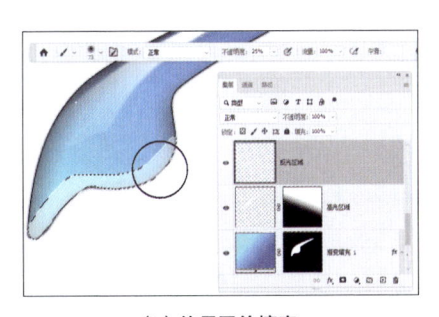

图 10.15　绘制图形反光区域

步骤 06 在"图层"面板中选中 3 个绘制图层，然后拖曳到"图层"面板底部的"创建新图层组"按钮（　）上，把这 3 个图层放置在一个组中。再拖曳"组 1"到"创建新图层"按钮　上，复制该组，得到"组 1 副本"，然后按 Ctrl+E 组合键合并该组，图层命名为"大"。

步骤 07 按 Ctrl+J 组合键复制"大"图层,命名为"中"。按 Ctrl+T 组合键自由变换"中"图层。按 Ctrl+J 组合键复制"中"图层,命名为"小",然后缩小图形(80%),旋转并下移,放置在最下方,如图 10.16 所示。

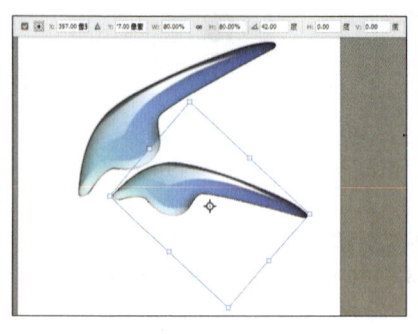

(a)复制并自由变换图层　　　　　(b)绘制效果　　　　　(c)"图层"面板

图 10.16　合并图层并变换大小

10.2　绘制形状

使用形状工具可以轻松地绘制出各种常见的形状及其路径。

10.2.1　矩形工具

扫一扫,看视频

使用"矩形工具"(▢)可以绘制矩形、正方形的路径或形状。

【操作方法】在工具箱中选择"矩形工具",将鼠标指针移到图像窗口内,按下鼠标左键不放并拖动,随着鼠标指针的移动将出现一个矩形框,如图 10.17(a)所示。拖曳矩形区域内部的◉控制点,可以设置椭圆矩形的圆角半径,如图 10.17(b)所示。

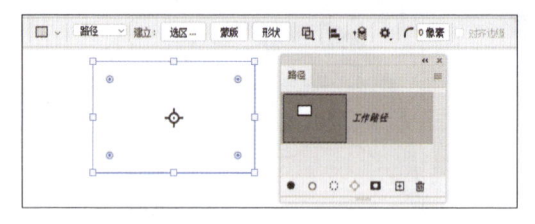

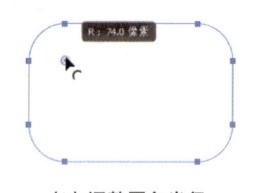

(a)绘制矩形　　　　　　　　　　(b)调整圆角半径

图 10.17　绘制矩形路径

▶ **技巧**

使用"矩形工具"时,按下 Shift 键拖动,可以绘制一个正方形;按下 Alt 键拖动,可以绘制以起点为中心的矩形;按下 Alt+Shift 组合键拖动,可以绘制以起点为中心的正方形。其他形状工具的用法与此相同。

> ▶ **提示**
>
> 在矩形工具选项栏的"设置圆角的半径"文本框中输入数字，可以精确设置矩形的圆角半径。单击 ✿ 按钮打开"路径选项"面板，可以具体设置路径的参数，如图10.18所示。该面板提供了5个约束选项。
> - 不受约束：绘制图形的比例和大小不受约束。
> - 方形：绘制正方形。
> - 固定大小：可以约束矩形的宽度和高度。
> - 比例：可以约束矩形的宽度与高度的比例。
> - 勾选"从中心"复选框，绘制以起点为中心的矩形。

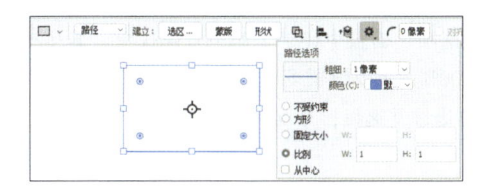

图 10.18　设置路径选项

10.2.2　椭圆工具

使用"椭圆工具"（◯）可以绘制圆形、椭圆形的路径或形状。直接拖曳可以绘制椭圆形，按住 Shift 键拖曳可以绘制圆形，如图 10.19 所示。其选项设置与矩形工具相同。

（a）椭圆形　　　　（b）圆形

图 10.19　使用"椭圆工具"

10.2.3　三角形工具和多边形工具

使用"三角形工具"（△）可以绘制三角形的路径或形状；使用"多边形工具"（⬡）可以绘制多边形、星形的路径或图形。在"路径选项"面板中可以精确控制三角形和多边形的参数，其用法与矩形工具相同。

使用"三角形工具"和"多边形工具"也可以设置圆角半径，如图 10.20 所示。使用"多边形工具"时，可以在选项栏中设置边数，如图 10.21 所示。

图 10.20　绘制圆角三角形　　　　　　图 10.21　绘制五边形

> ▶ **提示**
>
> 多边形工具的"路径选项"面板中提供了两个特殊选项，具体说明如下。
> - 星形比例：等于100%，可以绘制多边形；低于100%，可以绘制星形。
> - 平滑星形缩进：勾选该复选框，可以平滑星形凹角，如图10.22所示。

（a）勾选"平滑星形缩进"复选框　　　（b）未勾选"平滑星形缩进"复选框

图 10.22　绘制五角星（星形比例为50%）

10.2.4　直线工具

使用"直线工具"（ ）可以绘制直线、箭头的路径或形状。绘制方法与矩形工具基本相同。绘制直线时，可以在选项栏中的"粗线"文本框中设置线条的宽度，值越大绘制的线条越粗，如图10.23所示。单击 按钮打开"路径选项"面板，可以设置箭头的样式，如图10.24所示。

图 10.23　绘制直线　　　　　　图 10.24　设置箭头的样式

- 起点：在起点位置绘制箭头。
- 终点：在终点位置绘制箭头。
- 宽度：设置箭头的宽度。
- 长度：设置箭头的长度。
- 凹度：设置箭头的凹度，如图 10.25 所示。

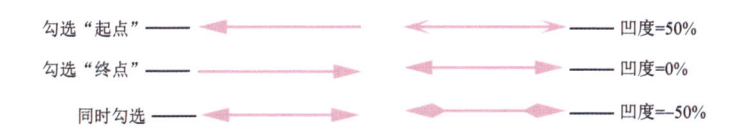

图 10.25　从左到右绘制一条直线

10.2.5　自定形状工具

使用"自定形状工具"（ ）可以绘制各种预设的形状，如箭头、月牙形和心形等。

【操作方法】①在工具箱中选择"自定形状工具"；②在选项栏中单击"形状"下拉列表，打开形状分类列表的面板，其中显示多个预设的形状，从中选择一个，如选择"虎"；③在图像拆开后拖动即可绘制预设形状，如图 10.26 所示。

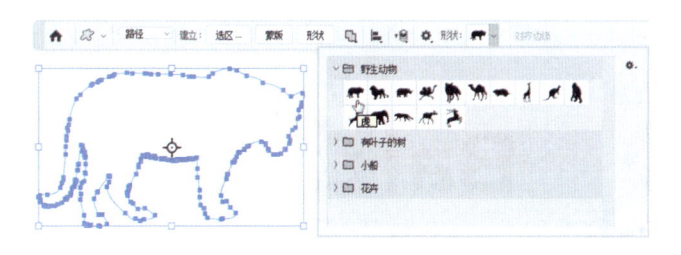

图 10.26　绘制预设形状

10.2.6　课堂案例：制作百度Logo

■案例位置：案例与素材 \10\10.2.6\demo.psd

百度 Logo 的字体样式："百度"二字是在"综艺体"的基础上稍加修改而成，英文字体是 Handel Gothic BT。本案例将利用"钢笔工具"和"椭圆工具"制作百度 Logo 图标。

【操作步骤】

步骤 01　新建文档。文档设置：大小为 313 像素 ×128 像素、分辨率为 96 像素/英寸、RGB 图像，保存为 demo.psd。按 Ctrl+R 组合键显示标尺，按 Ctrl+' 组合键显示网格，从左侧和顶部拖出几条参考线，初步界定 Logo 的大小。使用"钢笔工具"绘制百度 Logo 中的熊掌图形，再使用"椭圆工具"绘制脚指头图形，如图 10.27 所示。

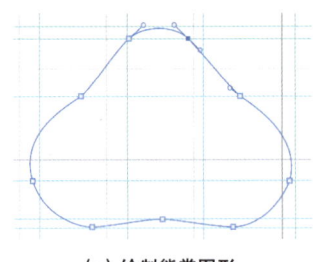

（a）绘制熊掌图形　　　　　　　　　　（b）绘制脚指头图形

图10.27　使用"钢笔工具"和"椭圆工具"分别绘制路径

步骤 02　按Ctrl+Enter组合键将路径转换为选区，在"图层"面板中新建图层，使用蓝色（#2f39e3）填充选区。复制脚指头图层3次，然后移动位置，如图10.28所示。

步骤 03　复制本案例提供的自定义字体文件到系统C:\Windows\Fonts目录下面，然后使用"文字工具"分别输入文字："百度"、方正新综艺简体、大小36点、颜色#d90000；"Bai"、类型Handel Gothic BT、大小42点、颜色#d90000；"du"、类型Handel Gothic BT、大小24点、颜色#ffffff。

步骤 04　使用"移动工具"调整文字和图形到合适为止，最后的效果如图10.29所示。

图10.28　绘制图形　　　　　　　　　　图10.29　设计文字

10.3　编辑路径

初步绘制的路径效果往往不尽如人意，这就需要对路径进一步调整和编辑。在实际操作中，编辑路径主要包括调整路径的形状和位置，复制、删除、关闭和隐藏路径等操作。

10.3.1　选择路径和锚点

使用"路径选择工具"（▶）可以选择路径，被选中的路径（由"钢笔工具"绘制）中的每个锚点会以实心点显示，如图10.30所示。使用"直接选择工具"（▷）选择路径，被选中的路径（由"钢笔工具"或"图形工具"绘制）中的每个锚点以空心点显示，如图10.31所示。

扫一扫，看视频

194

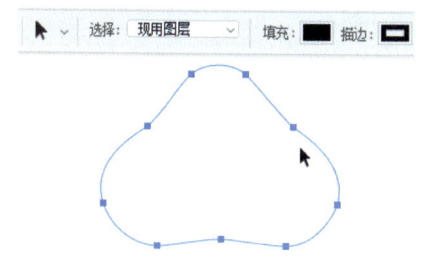

图 10.30　使用"路径选择工具"选择路径 　　　　图 10.31　使用"直接选择工具"选择路径

> ▶ 注意
>
> 使用"路径选择工具"选择路径时，不需要在路径上单击，只需移动鼠标指针在路径内的任意区域单击即可。该工具可以选择并移动、变形整个路径；"直接选择工具"则必须移动鼠标指针在路径上单击，才可选中路径，并且不会选中路径中的每个锚点。

> ▶ 技巧
>
> 如果使用"直接选择工具"选取整个路径，可以先按住 Alt 键再单击路径，这样在选中整个路径的同时，也选中了路径中的所有锚点。也可以移动鼠标指针在图像窗口中拖出一个选择框，然后释放鼠标，被框选的路径就会被选中，该方法适用于选择多个路径。
>
> 使用"直接选择工具"时，若按住 Shift 键单击锚点，可以选中多个锚点。使用"钢笔工具"时，若按下 Ctrl 键，可切换为"直接选择工具"。使用"路径选择工具"或"直接选择工具"时，若按下 Ctrl 键，可相互切换工具。

10.3.2　操作锚点

1. 增加或删除锚点

使用"添加锚点工具"（ ）或"删除锚点工具"（ ）可以为路径增加或删除锚点。

【操作方法】如果增加一个锚点，则可选择"添加锚点工具"，移动鼠标指针至路径上（注意，不能移到路径的某个锚点上，这样反而会删除某个锚点）单击即可，如图 10.32 所示，同时出现添加锚点的方向线。如果删除一个锚点，则可选择"删除锚点工具"，移动鼠标指针至路径的锚点上单击即可，如图 10.33 所示。

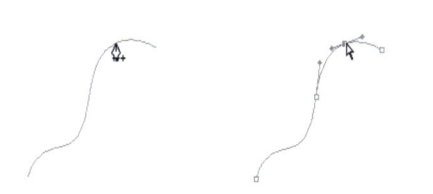

图 10.32　添加路径锚点 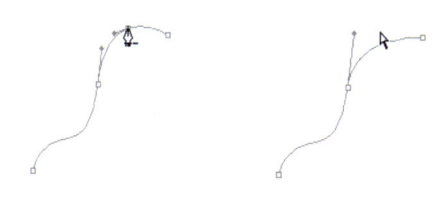　　　　图 10.33　删除路径锚点

▶ 提示

使用"直接选择工具"选择锚点之后,按 Delete 键可以删除该锚点,但也会删除该锚点两侧的路径段。

▶ 技巧

若在选择"添加锚点工具"和"删除锚点工具"的情况下按下 Alt 键,则可在这两个工具之间切换(在对准锚点时)。

2. 更改锚点属性

锚点有两种类型:平滑点和角点。这两种锚点所连接的分别是直线和曲线。使用"转换点工具"(⌐)可以轻松地转换锚点类型。

【操作方法】①在工具箱中选择"转换点工具";②移动鼠标指针至路径锚点上单击,即可将一个曲线锚点转换为一个直线锚点,如图 10.34 所示;③如果转换的锚点是角点,则只需单击此锚点并拖动,即可将该直线锚点还原为曲线锚点,如图 10.35 所示。

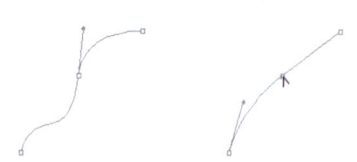

图 10.34 转换曲线锚点为直线锚点　　图 10.35 转换直线锚点为曲线锚点

使用"转换点工具"还可以调整曲线的方向,如图 10.36 所示。

【操作方法】选择"转换点工具",在曲线锚点方向线一端的方向点上按住鼠标左键并拖动,即可单独调整方向线这一端的曲线形状。

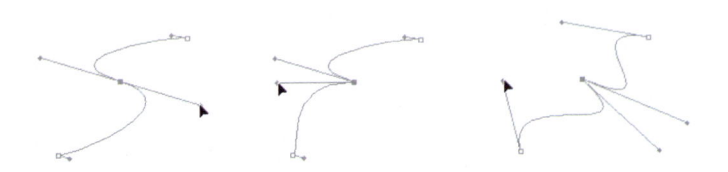

图 10.36 使用"转换点工具"调整曲线

▶ 技巧

在选择"钢笔工具"的情况下,移动鼠标指针至方向线上按下 Alt 键,则会变为"转换点工具"。

▶ 试一试

使用"钢笔工具"绘制心形图形。先用"钢笔工具"绘制出 6 个点,确定基本轮廓;然后使用其他工具进行调整,使路径刚好勾画出心形图形。

步骤 01 画出心形图形，选择"转换点工具"在起点与终点的连接锚点上按住鼠标左键拖动，使之成为一个曲线锚点。

步骤 02 当所调节锚点两端的曲线贴齐图形时，释放鼠标。

步骤 03 按上述方法将其他锚点都转换为曲线锚点，并调整其他锚点的曲线形状。可以按住 Ctrl 键的同时单击锚点，选中要调整的锚点，使其两边的锚点方向线显示出来，然后单独对其一端的曲线进行调整。

步骤 04 对曲线进行全面调整后，可以得到心形图形效果，如图 10.37 所示。

（a）绘制出基本轮廓　　　（b）将直线锚点转换为曲线锚点　　　（c）将锚点转换为曲线并调整位置

图 10.37　绘制心形图形

▶ 技巧

在选择"钢笔工具"的情况下，可以完成选定锚点、添加和删除锚点，以及转换锚点等操作。例如，按住 Ctrl 键，能完成选择路径和锚点的操作；将鼠标指针移到路径线段上（非锚点上），则会变为添加锚点工具的形状，此时可完成添加锚点的操作；将鼠标指针移到路径的锚点上，则会变为删除锚点工具的形状，此时可完成删除锚点的操作；若按住 Alt 键，则可完成转换点的操作。

10.3.3　操作路径

1. 移动路径

移动路径可以使用"路径选择工具"和"直接选择工具"。

使用"路径选择工具"移动路径：将鼠标指针对准路径本身或路径内部，按住鼠标左键不放，向要移动的目标位置拖动，所选路径就会随着鼠标指针一起移动。

使用"直接选择工具"移动路径：先圈选要移动的路径，或按下 Alt 键单击路径，选中路径中的所有锚点，在移动路径的过程中，鼠标指针必须在路径上。

在移动路径的操作中，不论使用的是"路径选择工具"还是"直接选择工具"，只要同时按住 Shift 键，就可以在水平、垂直或者 45° 方向上移动路径。

2. 打开和关闭路径

- 打开路径：在"路径"面板中单击要显示的路径名称即可。
- 关闭路径：在"路径"面板中选中要关闭的路径名称，然后在"路径"面板空余区域单击即可。关闭路径后，在图像窗口中不再显示路径，并且在"路径"面板中也没有激活的路径。关闭路径后，将不能使用路径来编辑图像，如填充和描边等。

▶ **技巧**

按住 Ctrl 键，单击路径名称，即可快速关闭或打开路径。

- 隐藏路径：选择"视图 | 显示 | 目标路径"命令或按 Ctrl+Shift+H 组合键，可将路径隐藏。隐藏路径后，在图像窗口中将看不见路径的形状，但在"路径"面板中，该路径仍能被激活。若要重新显示路径，可以选择"视图 | 显示 | 目标路径"命令或再次按 Ctrl+Shift+H 组合键。

3. 编辑路径

路径被视为图层图像，因此可以对它进行复制、粘贴和删除等操作，甚至可以进行旋转、翻转和自由变换等操作。其操作方法与对图层图像的操作相同。

▶ **技巧**

若要快速复制路径，可将当前路径拖至"创建新路径"按钮上。

▶ **注意**

如果"路径"面板中的路径是"工作路径"，则在操作之前需要先存储路径。选择工作路径，然后在路径面板菜单中选择"存储路径"命令即可。

10.3.4 转换路径与选区

1. 将路径转换为选区

选择已经编辑好的路径，将路径转换为选区的方法如下。

- 在路径面板菜单中选择"建立选区"命令，打开"建立选区"对话框。设置参数：羽化、消除锯齿、选区操作选项组。也可以在右键快捷菜单中选择"建立选区"命令。
- 单击"路径"面板底部的"将路径作为选区载入"按钮（ ）。
- 按 Ctrl+Enter 组合键。

▶ **注意**

如果是一个开放式的路径，则在转换为选区后，路径的起点会连接终点成为一个封闭的选区。

2. 将选区转换为路径

建立选区之后，将选区转换为路径的方法如下。

- 单击"路径"面板底部的"从选区生成工作路径"按钮（ ）。
- 在路径面板菜单中选择"建立工作路径"命令。在打开的对话框中设置容差，控制转换后的路径平滑度，值越小所产生的锚点越多，线条越平滑。

▶ **注意**

当选区转换为路径后，如果已经有工作路径，则新转换的路径将覆盖原有工作路径。

10.3.5 填充和描边路径

1. 填充路径

打开要填充的路径，在路径面板菜单中选择"填充子路径"命令，打开对话框设置参数：填充内容、混合选项、渲染选项。如果设置了前景色，可以直接单击"路径"面板底部的"用前景色填充路径"按钮（●）快速填充。填充完成后，按 **Ctrl+Shift+H** 组合键隐藏路径，可以直观地查看填充效果。

> ▶ 注意
> 路径必须在一般图层中，如果在形状图层中，则不能进行填充。

2. 描边路径

打开要描边的路径，在路径面板菜单中选择"描边路径"命令，或者按住 **Alt** 键，单击"路径"面板底部的"用画笔描边路径"按钮（○），打开对话框，设置描边工具。

> ▶ 提示
> 描边效果与选择的工具有直接关系，同时与该工具在其选项栏中的设置也有密切关系。因此，在描边之前需要对描边工具进行选项设置，如画笔大小和形状、色彩混合模式以及前景色等。

10.3.6 课堂案例：制作心形图贴

■ 案例位置：案例与素材 \10\10.3.6\demo.psd
■ 素材位置：案例与素材 \10\10.3.6\1.png

本案例利用路径蒙版制作心形图贴。

【操作步骤】

步骤 01 打开素材文件（1.png）。使用"钢笔工具"绘制一个心形路径，或者把 10.3.2 小节中练习绘制的心形路径复制过来。操作方法与图像复制粘贴的方法相同。

步骤 02 使用"路径选择工具"调整选区大小和位置，将选区放置在图像中的合适位置，如图 10.38 所示。

步骤 03 在"路径"面板底部单击"添加图层蒙版"按钮（□），为当前图层添加蒙版，再次单击该按钮，将当前路径转换为矢量蒙版，效果如图 10.39 所示。

图 10.38　绘制路径　　　　图 10.39　转换为矢量蒙版

步骤 04 选择"图像|裁切"命令，打开"裁切"对话框。裁切图像四周的透明像素，然后新建白色背景图层，最后效果如图 10.40 所示。

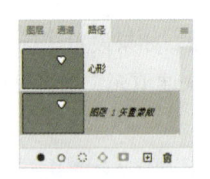

(a) 制作效果　　　　　　(b)"路径"面板　　　　　　(c)"图层"面板

图 10.40　制作心形图贴

10.4　本章小结

本章介绍了路径的基本功能和常规操作，通过本章的学习，读者能够掌握使用路径工具绘制各种图形，灵活编辑路径，以及使用路径制作轮廓清晰、圆滑的选区。另外，也可以使用"钢笔工具"和"图形工具"设计漂亮的 Logo 或图标等。

10.5　课后习题

1. 填空题

（1）使用 _____ 工具可以绘制各种形状的路径或形状，如蝴蝶、老虎等。
（2）在工具选项栏中选择 _____ 模式，可以同时建立路径和形状图层。
（3）按住 _____ 键，单击路径名称，即可快速关闭当前路径。
（4）选择路径的工具包括 _____ 工具和 _____ 工具。

2. 选择题

（1）要在平滑曲线转折点和直线转折点之间进行转换，可以使用 _____ 工具。
　　A. 添加锚点　　　B. 删除锚点　　　C. 转换点　　　D. 自由钢笔
（2）按下 _____ 键，使用"直接选择工具"可以一次性选中整个路径。
　　A. Alt　　　　　B. Ctrl　　　　　C. Shift　　　　D. Delete
（3）按下 _____ 键，在"路径"面板中单击可以关闭路径。
　　A. Alt　　　　　B. Ctrl　　　　　C. Shift　　　　D. Delete
（4）下面 _____ 按钮可以将路径转换为选区。
　　A. ●　　　　　B. ▢　　　　　　C. ○　　　　　D. ✦

3. 判断题

（1）路径必须在一般图层中，如果在形状图层中，则不能进行填充。　　　　　　（　　）

（2）工作路径是一种暂时性的路径，当建立新的路径时，原来的工作路径会被覆盖。（　）
（3）路径可以转换为选区，但不能转换为蒙版。（　）
（4）若路径是隐藏的，则不能进行填充和描边操作。（　）

4. 简答题

（1）简述路径和锚点之间的关系及形式。
（2）简述路径在设计中的作用。

5. 上机练习

（1）打开练习素材（位置：案例与素材\10\上机练习素材\1.png、2.png），使用路径设计邮票锯齿特效，如图10.41所示。

(a) 原图　　　　(b) 效果图

图 10.41　练习效果（1）

（2）使用"椭圆工具"绘制微信图标，如图10.42所示。提示，先使用"椭圆工具"绘制椭圆图形，再绘制椭圆脑袋，然后添加3个锚点拉出一个小尾巴，最后使用"椭圆工具"绘制眼睛。完成单个图形的绘制后，分组、复制、水平翻转并组合图形即可。

图 10.42　练习效果（2）

201

第11章 文字

🔊 **学习目标**

- 掌握输入文本的方式。
- 正确设置文本格式。
- 灵活编辑文本。

　　Photoshop 支持在图像中添加文字，并提供了强大的文本处理功能，可以设置字符格式、段落样式，如斜体、上标、下标、下划线、删除线、缩进、间距等；可以对字体进行变形、将文字转换为路径、定义路径文本，轻松地把矢量文本与图像完美结合，并随图像一起输出。

11.1 输入文本

输入文本有两种方式：点文本和段落文本，具体操作如下。

11.1.1 点文本

点文本输入方式是指在图像中输入单独的文本行，如要输入标题文本或路径文本等特殊效果时，使用点文本非常合适。

【操作步骤】

步骤 01 在工具箱中选择文字工具（T），或按 T 键。

▶ **提示**

文字工具包括横排文字工具（T）、直排文字工具（↓T）、横排文字蒙版工具（T）、直排文字蒙版工具（↓T），这些工具的功能和用法相同。如果选择文字蒙版工具，则可以建立文字选区。

步骤 02 在文字工具选项栏中设置字体、字形、字号、消除锯齿、对齐方式以及字体颜色等参数，如图 11.1 所示。

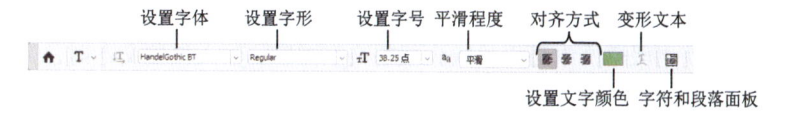

图 11.1 文字工具选项栏

步骤 03 移动鼠标指针到图像窗口中单击，以定位输入位置。此时图像窗口中显示一个闪烁光标，接着可以输入文字内容。

步骤 04 输入文字后，单击选项栏中的"提交"按钮（✓）即可完成输入。如果单击"取消"按钮（⊘），则将取消输入操作。

▶ **注意**

当文字工具处于编辑模式时，可以输入并编辑字符。如果要执行其他的操作，则必须提交对文字图层的更改后才能进行。使用上述操作方法输入文本时，Photoshop 不会自动换行。如果要输入多行文本，则必须按下 Enter 键强制换行输入。

▶ **技巧**

在输入文本后，按下 Ctrl 键拖动文本，可以移动文本的位置。

步骤 05 输入文字后，"图层"面板中会自动产生一个新的文字图层，如图 11.2 所示。

203

▶ 提示

文字图层不能进行色调调整和执行滤镜功能，只有将文字图层转换为普通图层后才能使用这些功能。在多通道、索引颜色和位图颜色模式下，不能创建文字图层。

图11.2 输入文字

▶ 提示

如果选择的是文字蒙版工具，在输入文字后会按文字形状创建选区。文字选区出现在当前图层中，而不会新建一个文字图层，并可以像普通选取范围一样进行移动、复制、填充或描边。

11.1.2 段落文本

使用段落文本可以输入大段的文字内容。输入段落文本时，文字会基于文本框的尺寸自动换行。可以根据需要自由调整文本框的大小，使文字在调整后的矩形框中重新排列，也可以在输入文字时或创建文字图层后调整文本框，甚至还可以使用文本框旋转、缩放和斜切文字。

扫一扫，看视频

✶【操作步骤】

步骤 01 在工具箱中选择文字工具。

步骤 02 用鼠标在要输入文本的图像区域内拖曳出一个文本框。

步骤 03 在文本框中输入文字，不用按 Enter 键，文本会自动换行输入。也可以根据段落的文字内容进行分段，操作方法与在其他文本处理软件中一样，按 Enter 键就可以换行输入。

步骤 04 完成输入后，单击选项栏中的"提交"按钮确认输入，如图11.3所示。

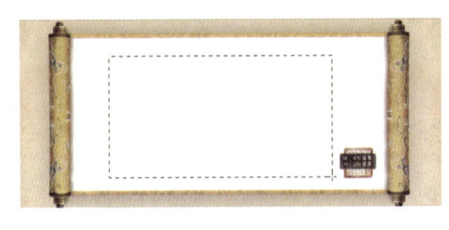

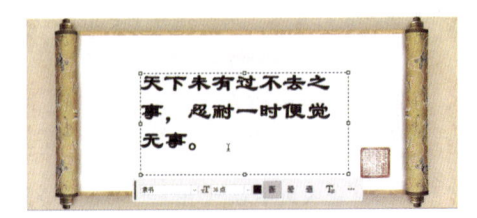

(a) 拖曳出文本框　　　　　　　　　(b) 在文本框中输入文字

图11.3 输入段落文本

> **技巧**
>
> 若要移动文本框，可以按住 Ctrl 键不放，将光标置于文本框内，光标会变成 ▶ 形状，拖动鼠标即可移动。如果光标到文本框四周的控制点上，按住鼠标左键并拖动，可以对文本框进行缩放或变形。

> **提示**
>
> 点文本和段落文本可以相互转换。

【操作方法】 选中文字图层，在图层面板菜单中选择"转换为点文本"或"转换为段落文本"命令即可。

11.1.3 设置字符格式

在输入文字前或输入文字后，都可以设置文字格式，如更改字体或字符的大小、字距、对齐方式、颜色、行距和字符距等，以及对文字作拉长、压扁等处理。

【操作步骤】

步骤 01 选取要设置字体的文字。有以下两种选取方法。
- 在工具箱中选择"文字工具"，然后移动光标到图像窗口中的文字位置，按住鼠标左键并拖动。
- 在"图层"面板中双击文字图层缩览图。此方法选取的是整段文字，如果只选择文字图层中的部分文字，还需用第 1 种方法。

步骤 02 选择"窗口|字符"命令，打开"字符"面板，如图 11.4 所示。设置参数后，按 Enter 键会立即生效，或者切换焦点后也会自动生效。

图 11.4 "字符"面板

> **注意**
>
> 下次输入文本时也会受上一次参数设置的影响，为了避免相互干扰，可以在字符面板菜单中选择"复位字符"命令，恢复所有参数为默认值，或者恢复所选文本为默认参数设置。

"字符"面板中的主要参数说明如下。
- 隶书 ▼ ：设置字体类型，默认为"Adobe 黑体 Std"。如果选择西文字体，可以在其后下拉列表中选择字体形式。
- T 24点 ▼ ：设置字体大小，默认为 12 点。可输入数字，单位默认为点。或在该下拉列表中选择大小。
- tA (自动) ▼ ：设置行距。行距是指两行文字之间的基线距离，默认行距为 Auto（自动），见图 11.4。
- V/A 0 ▼ ：微调字符间距，默认为 0。选择"文字工具"，在两个字符间单击，然后设置该参数。正值会增加字符间距，负值会缩小字符间距。

205

- ![VA 0]：设置字符间的距离，默认为 0。选择多个字符，然后设置该参数。正值会增加字符间距，负值会缩小字符间距，如图 11.5 所示。

Photoshop　Photoshop　 Photoshop
(a) -100　　　　　(b) 0　　　　　　(c) 100

图 11.5　设置字符间距效果对比

- ![0%]：设置比例间距。默认为 0%，字符间距最大；设置为 50%，字符间距会变为原先的一半；设置为 100%，字符间距为 0，如图 11.6 所示。因此，比例间距用于收缩字距，而上面两个选项（微调字符间距和设置字符间的距离）既可缩小间距，也可扩大间距。

Photoshop　Photoshop　 Photoshop
(a) 0%　　　　　(b) 50%　　　　　(c) 100%

图 11.6　设置比例间距效果对比

- ![IT 100%]：设置字体高度，默认为 100%。大于 100%，会拉长字体；小于 100%，会压扁字体，如图 11.7 所示。

Photoshop　Photoshop　**Photoshop**
(a) 50%　　　　　(b) 100%　　　　　(c) 150%

图 11.7　设置字体高度效果对比

- ![T 100%]：设置字体宽度，默认为 100%。大于 100%，会拉宽字体；小于 100%，会压窄字体，如图 11.8 所示。

- ![A↕ 0点]：设置字符基线，默认为 0 点。正值使文字向上移，负值使文字向下移，类似 Word 的上标和下标，如图 11.9 所示。

Photoshop　Photoshop　Photoshop　　　　2^{10}　　10_2
(a) 50%　　(b) 100%　　(c) 150%　　　　(a) 8 点　(b) -5 点

图 11.8　设置字体宽度效果对比　　　　图 11.9　设置字符基线效果对比

- ![T T TT Tr T¹ T₂ T T]：设置特殊字体样式。按钮从左到右分别为粗体、斜体、大写、小型大写、上标、下标、下划线、删除线。
- ![fi o st A aa T 1st ½]：设置 OpenType（可变字体）类型字体支持的自定义属性。可变字体名称旁边带有![G_vAR]图标。
- ![美国英语　锐利]：左侧下拉列表为连字符及拼写检查，可对所选字符进行有关连字符和拼写规则的语言设置；右侧下拉列表为字体样式。

11.1.4 设置段落格式

段落是指在输入文本时，末尾带有回车符的任何范围的文字。对于点文本来说，一行就是一段；对于段落文本来说，一段可能有多行。

扫一扫，看视频

【操作步骤】

步骤 01 选择需要进行格式设置的段落文本，选择方法可参考上一小节的介绍。

▶ 注意

如果选择单个段落文本，则使用文字工具在段落中单击即可设置该段落的格式；使用文字工具选择包含多个段落的选区，将设置多个段落的格式；在"图层"面板中选择文字图层，可设置该图层中所有段落的格式。

步骤 02 选择"窗口|段落"命令，打开"段落"面板，如图 11.10 所示。段落格式主要包括段落对齐、段前段后间距等。

▶ 提示

在段落面板菜单中选择"复位段落"命令，可以恢复面板的所有参数为默认值，或者恢复所选文本为默认参数设置。

图 11.10 "段落"面板

"段落"面板中的主要参数说明如下。

- ▆▆▆ ▆▆▆ ▆：设置段落文本的对齐方式。从左到右分别为左对齐、居中对齐、右对齐、最后一行左对齐、最后一行居中对齐、最后一行右对齐、全部对齐，如图 11.11 所示。

(a) 左对齐　　　　(b) 最后一行左对齐　　　　(c) 全部对齐

图 11.11 段落文本对齐

- ┆ 0点 ：设置左缩进。横排文字从段落的左边缩进，直排文字从段落的顶端缩进。如果取负值，则左侧文本会超出左侧文本框。

- ■⇥ 0点 ：设置右缩进。横排文字从段落的右边缩进，直排文字从段落的底部缩进。如果取负值，则右侧文本会超出右侧文本框。
- ⇥■ 0点 ：设置首行缩进。对于横排文字，首行缩进与左缩进有关；直排文字与顶端缩进有关。如果取负值，则可以设计首行悬挂缩进，如图 11.12 所示。

(a) 左右缩进 7 点　　(b) 首行缩进 14 点　　(c) 首行缩进 –14 点

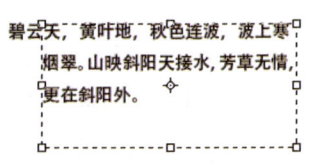

图 11.12　左右缩进和首行缩进

- ≡ 0点 ：设置段前间距。如果取负值，则会收缩段前间距，段落文本可能会重叠。
- ≡ 0点 ：设置段后间距，如图 11.13 所示。如果取负值，则会收缩段后间距，段落文本可能会重叠。

(a) 段前添加 14 点空格　　　　　　　　(b) 段后添加 14 点空格

图 11.13　段前间距和段后间距

- 连字：勾选该复选框，在每行末端断开的单词间添加连字符。

11.1.5　课堂案例：制作网店促销广告

扫一扫，看视频

■案例位置：案例与素材 \11\11.1.5\demo.psd
■素材位置：案例与素材 \11\11.1.5\1.png、2.png、3.png

本案例利用"路径工具"和"文字工具"制作网店促销广告。

【操作步骤】

步骤 01　新建文档。选项设置：大小为 1021 像素 ×607 像素，分辨率为 96 像素 / 英寸，其他选项保持默认。保存为 demo.psd。

步骤 02　打开背景素材（1.png），复制到当前文档中，同时打开装饰素材（2.png、3.png），抠出主要物品并复制到当前文档，调整大小和位置。设置图层混合模式为"叠加"，使其融入背景图像中，效果如图 11.14 所示。

(a) 原始背景素材 　　　　　　　　　　　　(b) 叠加装饰礼品

图 11.14　制作背景图

步骤 03 使用"文字工具"输入 3 段文本:"双"、黑体、130 点、金黄色(#fefe1b);"11"、方正姚体、206 点、金黄色(#fefe1b);"限时抢购"、黑体、150 点、金黄色(#fefe1b)。使用"移动工具"调整文字位置,置于图像中间区域,如图 11.15 所示。

步骤 04 选择"限时抢购"文字图层,选择"文字|创建工作路径"命令,把文字转换为路径,然后使用"路径工具"调整"购"字的路径,如图 11.16 所示。

图 11.15　输入文字 　　　　　　　　　　　图 11.16　编辑文字路径

步骤 05 在"路径"面板底部单击"将路径作为选区载入"按钮( ),把文本转换为选区。使用"渐变工具"填充选区,选项设置:线性渐变、从 #fefe1b 到 #ffffff,如图 11.17 所示。

步骤 06 以同样的方法为上面一行文本应用渐变填充,最后设计效果如图 11.18 所示。

图 11.17　应用渐变填充文字选区 　　　　　图 11.18　促销广告的最后设计效果

209

11.2 编辑文本

11.2.1 文本旋转和变形

在"图层"面板中选中要进行旋转和变形的文字图层，然后在"编辑|变换"子菜单中选择一种变形命令即可，操作方法与普通图层图像的操作相同，如图11.19所示。

图11.19 文本变形

除了常规的变形操作外，在文字工具选项栏中单击"创建文字变形"按钮（𝐼），打开"变形文字"对话框。在"样式"下拉列表中可以选择不同的文字变形样式，如图11.20所示。

图11.20 各种文字变形样式

如果在"样式"下拉列表中选择"无"选项，则可恢复文本的原来样式。

11.2.2 文本排列方式

Photoshop提供了两种文本排列方式：垂直排列和水平排列，默认为水平排列方式。

【操作方法】在"图层"面板中选中文字图层，在图层面板菜单的"文本方向"子菜单中选择"垂直"或"水平"命令，可以在两种方式之间切换，如图11.21所示。

210

(a) 水平排列　　　　　　　　　　　(b) 垂直排列

图 11.21　文本排列方式

11.2.3　文本转换为选区、路径、形状和图像

在"图层"面板中，按住 Ctrl 键单击文字图层，可以将文字图层的文本转换为选区。

▶ 提示

可以使用"横排文字蒙版工具"和"直排文字蒙版工具"在图像中直接产生一个文字选区。

在"图层"面板中选择文字图层，在图层面板菜单中选择"创建工作路径"命令或者在"文字"菜单中选择"转换为形状"命令，可以将文本转换为路径或形状，如图 11.22 所示。将文本转换为路径之后，可以使用"路径工具"自由编辑文字形状，演示可参考 11.1.5 小节案例。

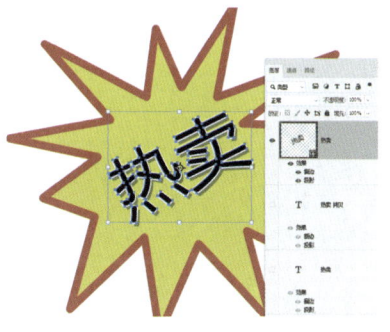

(a) 转换为路径　　　　　　　　　　(b) 转换为形状

图 11.22　把文本转换为路径或形状

在"图层"面板中选择文字图层，在图层面板菜单中选择"栅格化文字"命令，或者在"文字"菜单中选择"栅格化文字图层"命令，可以将文字图层转换为普通图层，文字变为像素点图像，此时可以为文字应用绘画工具、调色命令、滤镜命令等图像编辑功能。但是文字的属性将丢失，无法再修改文字选项。

11.2.4　管理字体和粘贴无格式文本

打开一个文件时，如果该文件使用了当前操作系统中没有的字体，Photoshop 会在 Typekit 中搜索缺失字体，找到并进行替换。如果没有找到，则会弹出提示信息。如果使用系统中的字体替换缺少的字体，可以在"文字"菜单中选择"管理缺失字体"命令。

当从网页或其他编辑窗口复制文本时，Photoshop 会保留原文本的格式，选择"编辑 | 选择性粘贴 | 粘贴且不使用任何格式"命令，可以去除原文本的格式，仅粘贴文字内容。

11.2.5 课堂案例：制作个人名片

■案例位置：案例与素材 \11\11.2.5\demo1.psd、demo2.psd
■素材位置：案例与素材 \11\11.2.5\0.png、1.png、2.png、3.png、4.png
本案例利用"路径工具"和"文字工具"制作个人名片正反面。

【操作步骤】

步骤 01 新建文档。选项设置：大小为 553 像素 ×337 像素，分辨率为 96 像素 / 英寸，其他选项保持默认。保存为 demo1.psd。

步骤 02 设计背景颜色为土黄色（#e2ac04），使用"椭圆工具"绘制 3 个大小不一的圆形路径，放置在左上角位置。设置画笔大小为 12 像素、硬度为 100%、不透明度为 100%、前景色为白色，新建图层，描边大圆路径；再新建图层，使用 6 像素描边中圆路径；继续新建图层，使用 3 像素描边小圆路径。把 3 个图层分为一组，复制图层组，移到右下角位置，调整大小和位置。背景和装饰效果如图 11.23 所示。

步骤 03 使用"椭圆工具"绘制一个大圆，移到名片底部，制作彩虹效果，使用白色填充。复制路径，等比缩小，向下移动位置，然后设置画笔大小为 2 像素、间距为 200%，描边路径制作白色虚线效果。再复制路径，等比缩小，向下移动位置；再描边路径，制作第 2 条彩虹虚线，如图 11.24 所示。

(a) 背景装饰　　　　　　　　(b) 图层分工

图 11.23　制作背景和装饰

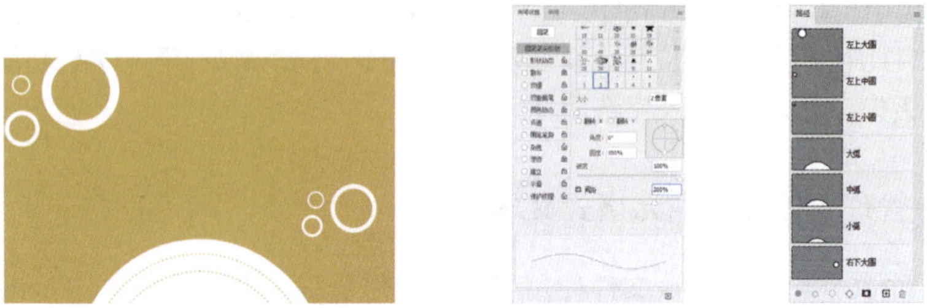

(a) 底部装饰　　　(b) 画笔设置　　　(c) 路径清单

图 11.24　制作底部装饰

步骤 04 导入 Logo 素材（1.png），缩放并移到中间位置。使用"文字工具"输入并设置文本。"小熊健身修体中心"：幼圆、12点、白色、反向扇形文字，设计效果如图 11.25 所示。

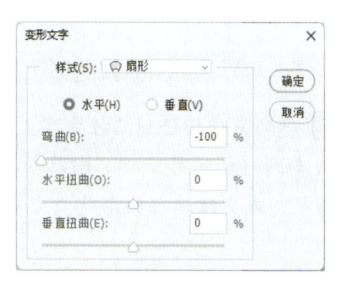

(a) 名片正面效果　　(b) 变形文字

图 11.25　名片正面制作效果

步骤 05 把 demo1.psd 另存为 demo2.psd，准备制作名片反面。将背景色和装饰圆圈的颜色进行互换，适当调整右下角圆圈的大小和位置，效果如图 11.26 所示。

步骤 06 输入公司名称、个人名称、职务、具体联系信息。然后导入图标，缩放后置于合适位置，排版之后的效果如图 11.27 所示。

图 11.26　反相背景色和装饰圆圈的颜色 　　图 11.27　输入信息制作名片反面效果

11.3　路径文本

点文本和段落文本只能横排或竖排，路径文本可以根据路径来排版文本。当文本在封闭的路径内排列时，其整体外观与路径的形状一致，这是因为它以路径轮廓为文本框进行排列。当文本在路径上排列时，会随着路径的弯曲而变化，这是因为它以路径为基线排列点文本。

11.3.1　创建路径文本

【操作方法】①使用"钢笔工具"或"形状工具"定义路径；②在工具箱中选择"横排文字工具"或"直排文字工具"（也可以选择"横排文字蒙版工具"或"直排文字蒙版工具"）；③移动鼠标指针到路径上，当鼠标指针变为↓形状时，在路径上单击定位输入点；④输入文字，此时所输入的文字沿着路径显示，如图 11.28 所示。

213

> **注意**
> 如果选择了"直排文字工具",则输入的文字不与基线指示符平行,可以在字符面板菜单中选择"标准垂直罗马对齐方式"命令。

输入完毕,可以选择"直接选择工具"或"路径选择工具"编辑路径文本。

【操作方法】 移动鼠标指针到路径文字上,当指针变为带箭头的光标时,拖动可以移动文本,或者翻转文本到路径的另一端。向路径的另一端移动会翻转文本,如图11.29所示。也可以直接移动路径,或更改路径的形状,文本将会顺应新的路径移动位置或改变形状。

图 11.28 输入路径文本

(a) 移动文本   (b) 翻转文本

图 11.29 编辑路径文本

11.3.2 课堂案例:制作图文混排版面

■案例位置:案例与素材 \11\11.3.2\demo.psd
■素材位置:案例与素材 \11\11.3.2\1.png

本案例利用路径文本制作图文混排版面。

扫一扫,看视频

【操作步骤】

步骤 01 新建文档。选项设置:大小为1376像素×711像素,分辨率为96像素/英寸,其他选项保持默认。保存为demo.psd。

步骤 02 使用"文字工具"输入栏目标题:"4.23世界读书日 | 读书正当时,莫负好时光"、黑体、30点、黑色。打开素材文件(1.png),复制到当前文档,缩小并拖曳到右侧的合适位置。

步骤 03 使用"椭圆工具"绘制椭圆路径,选择"图层|矢量蒙版|当前路径"命令,定义矢量蒙版,制作剪切插图效果,再添加投影图层样式,效果如图11.30所示。

步骤 04 使用"矩形工具"绘制一个矩形路径,然后使用"添加锚点工具"(✏)在右侧中间位置添加一个锚点,再使用"直接选择工具"向左拖动锚点,如图11.31所示。

步骤 05 选择"文字工具",将光标移动到矩形框内,当光标变为形状时,单击输入多段文本,如图11.32所示。字符设置:黑体、20点、#857c69。段落设置:首行缩进40点、段前间距10点。

（a）制作矢量蒙版　　　　　　　　　　（b）设置投影样式

图 11.30　制作剪切插图效果

图 11.31　绘制矩形路径　　　　　　　　图 11.32　输入多段文本

步骤 06　使用"钢笔工具"绘制一条曲线，然后使用"文字工具"输入路径文本。制作完成的图文混排版式如图 11.33 所示。

图 11.33　制作完成的图文混排版式

11.4　本章小结

本章首先介绍了在 Photoshop 中输入文本的方式，包括点文本和段落文本，详细说明了字符格式和段落格式。然后介绍了常用文本编辑方法，如文本变换、排列，把文本转换为选区、路径、图形和图像等。最后介绍了路径文本的制作方法和技巧。

11.5 课后习题

1. 填空题

（1）在 Photoshop 中输入文本有两种方式：点文本和 _____。
（2）选中文字图层，然后在 _____ 菜单中选择 _____ 命令，可以将段落文本转换为点文本。
（3）Photoshop 提供了两种文字排列方式，分别为 _____ 和 _____。
（4）_____ 是指段落文本与文字边框之间的距离。段落间距是指当前段落与上一段落或下一段落之间的距离。

2. 选择题

（1）按住 _____ 键不放，然后将鼠标指针置于文本框内拖动可移动文本框。
  A. Ctrl   B. Alt   C. Shift   D. Tab
（2）段落对齐包括左对齐、居中、右对齐等多种样式，其中 ≡ 代表的是 _____。
  A. 左对齐   B. 居中   C. 右对齐   D. 全部对齐
（3）按住 _____ 键单击"图层"面板中的文字图层，可将文字图层转换为选区。
  A. Ctrl   B. Alt   C. Shift   D. Tab
（4）"段落"面板中的 +■ 0点 文本框用于设置 _____。
  A. 左缩进   B. 右缩进   C. 首行缩进   D. 以上都不对

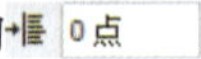

3. 判断题

（1）使用"文字工具"可以在图像中的任何位置创建横排或竖排文字。（ ）
（2）输入段落文本时，文本不会基于文字框的尺寸自动换行。（ ）
（3）变形效果不仅可以应用于文字图层的所有字符，还可以应用于部分选择的字符。（ ）
（4）确认变形后的文字将无法恢复原状。（ ）

4. 简答题

（1）简述输入文本的方式及区别。
（2）简述路径文本的原理。

5. 上机练习

（1）打开练习素材（位置：案例与素材\11\上机练习素材\1.png），使用文字工具设计水印版权信息，如图 11.34 所示。

（a）原图   （b）效果图

图 11.34   练习素材（1）

（2）打开练习素材（位置：案例与素材\11\上机练习素材\2.png、3.png），使用"文字工具"和"路径工具"设计文字图案，如图11.35所示。

(a) 原图　　　　　　　　　　　　　　(b) 效果图

图 11.35　练习素材（2）

综合案例

第12章

📢 学习目标

- 网页版面设计。
- 插图设计和创意平面设计。
- 网店宣传海报设计。

　　本章将综合运用Photoshop的不同功能和工具，以不同类型的综合案例为线索，强化实战训练，通过本章的练习，读者能够快速提升使用Photoshop的综合能力，以及在实践中灵活掌握各种设计技巧。

12.1 快消食品营销海报

■ 案例位置：案例与素材 \12\1\demo.psd
■ 素材位置：案例与素材 \12\1\ 汉堡、小食、饮品、甜品 4 个文件夹

本案例制作一幅快消食品营销海报，效果如图 12.1 所示。主要技术：使用"钢笔工具"绘制路径，划分区间色块；使用文字工具输入宣传标题；使用路径文字设计曲线宣传口号。作品主色调以红色、白色为主，辅助黄色。

图 12.1 作品效果图

12.1.1 制作背景图

步骤 01 新建文档。选项设置：大小为 1218 像素 ×665 像素，分辨率为 96 像素 / 英寸，其他选项保持默认。保存为 demo.psd。

步骤 02 新建图层，使用红色（#b41631）填充。新建图层，使用"钢笔工具"勾画一个椭圆选区，使用白色填充（#f4f4f4），效果如图 12.2 所示。

步骤 03 打开素材文件夹，随机复制几款食品样图到图像中。其中，汉堡和小食放在红区；饮品和甜品放在白区，如图 12.3 所示。注意排放位置和大小，保持透视效果：近大远小，近处盖住远处。

图 12.2 制作背景图

图 12.3 复制食品样图

步骤 04 新建图层，移到白区食品底部，使用白色刷子。选项设置：硬度为0%、大小为50像素、不透明度为30%，在饮品右上侧轻轻单击几下，淡淡地涂抹一丝阴影，设置图层不透明度为30%，所得阴影效果如图12.4所示。

图 12.4 制作阴影

12.1.2 制作宣传标题

步骤 01 使用"矩形工具"绘制一个圆角矩形，按Ctrl+Enter组合键将路径转换为选区。新建图层，使用白色填充选区。按Ctrl键，单击该图层，调出选区，按左方向键向左移动选区。再新建图层，使用白色、6像素、居中描边选区，所得效果如图12.5所示。

步骤 02 使用"文字工具"输入文本，如图12.6所示。具体设置："1"、楷体、60点；"红区选1""白区选1"、黑体、12点，颜色与背景反相，分别为白色和红色（#b31b34）。

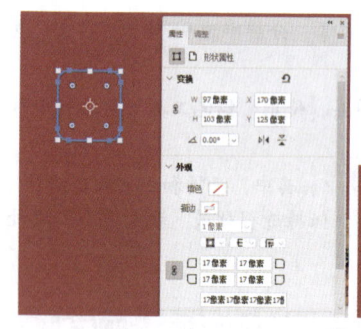

(a) 绘制圆角矩形框　　(b) 填充和描边白色

图 12.5 制作文字背景图　　　　图 12.6 制作标题文字

步骤 03 分别输入"+"（选项设置：华文琥珀、48点、黑色）、"="（选项设置：华文琥珀、60点、白色）、"¥"（选项设置：黑体、24点、白色）、"12"（选项设置：黑体、100点、浑厚、白色），如图12.7所示。

步骤 04 对文字图层"12"执行变形操作，选择"编辑|变换|斜切"命令，向右斜切15°，如图12.8所示。

图12.7 制作多个文字图层

图12.8 斜切文字

步骤 05 使用"钢笔工具"沿着食品列表绘制一条曲线，然后输入文字，如图12.9所示。文字选项设置：黑体、38点、金黄色（#f6b925）。

步骤 06 为路径文字添加投影样式，设置如图12.10所示。最后制作的作品效果如图12.1所示。

图12.9 制作路径文字

图12.10 添加投影样式

12.2 全民健身运动宣传海报

■案例位置：案例与素材 \12\2\demo.psd
■素材位置：案例与素材 \12\2\1.png、2.png、3.png

本案例制作一幅全民健身运动宣传海报，效果如图12.11所示。主要技术：使用"钢笔工具"绘制自定义字体文字和遮罩区域；使用图层混合模式和不透明度融合图像。作品主色调以红色、绿色为主，辅助白色、黄色等其他色彩。

图12.11 作品效果图

221

12.2.1 制作背景图

步骤 01 新建文档。选项设置：大小为970像素×485像素，分辨率为300像素/英寸，其他选项保持默认。保存为demo.psd。

步骤 02 打开素材（1.png、2.png），复制到当前文档，分别调整大小和位置。

步骤 03 为素材2.png应用遮罩，在"图层"面板中添加蒙版，使用"渐变工具"绘制蒙版，从上到下逐渐遮盖背景图像，如图12.12所示。为素材1.png应用遮罩，先使用"钢笔工具"沿着跑道勾出红色区域，然后转换为选区。在"图层"面板中添加图层蒙版，遮盖掉非跑道区域，如图12.13所示。

图 12.12 应用渐变遮罩

图 12.13 应用裁切遮罩

步骤 04 制作彩绸装饰背景效果。使用"钢笔工具"在图像底部随意绘制5个波浪形路径。再分别转换为选区，使用不同色彩或渐变色进行填充，如图12.14所示。

步骤 05 在"图层"面板中设置这些装饰图层的不透明度随机为25%、26%、54%（可以随机设置，不要求统一），目的是设计灵活多变的彩绸装饰效果，同时又不破坏作品主背景，效果如图12.15所示。

步骤 06 当前的天空背景过于真实，再制作一组遮挡板图层。使用"矩形工具"绘制一个挡板，转换为选区后使用天蓝色（#98cbe6）填充。适当倾斜挡板，复制图层3次，然后移动位置，有序排列。以同样的方式制作粉红色（#f5e0e8）挡板，倾斜挡板之后复制图层3次，同样移动位置，有序排列。调出跑道裁切路径，转换为选区之后反选选区，然后逐一遮盖这些挡板中的跑道区域，如图12.16所示。

(a) 使用"钢笔工具"绘制5个波浪形路径　　(b) 应用纯色填充和渐变填充

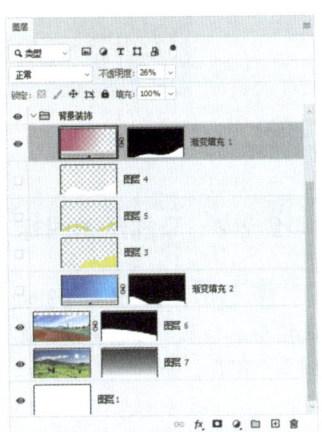

图12.14　制作彩绸装饰背景

图12.15　装饰背景效果　　图12.16　为每个挡板装饰层应用遮罩

步骤 07 随机设置每个挡板的不透明度，产生一种若有若无的效果，不要遮挡主背景，设计效果如图12.17所示。

图12.17　挡板装饰效果

12.2.2　添加运动图标

步骤01 打开素材（3.png），选择"魔棒工具"，选项设置：容差为50、取消勾选"连续"复选框、勾选"消除锯齿"复选框，抠图中所有的图标。然后使用"矩形选框工具"逐一复制多个图标，如图12.18所示。

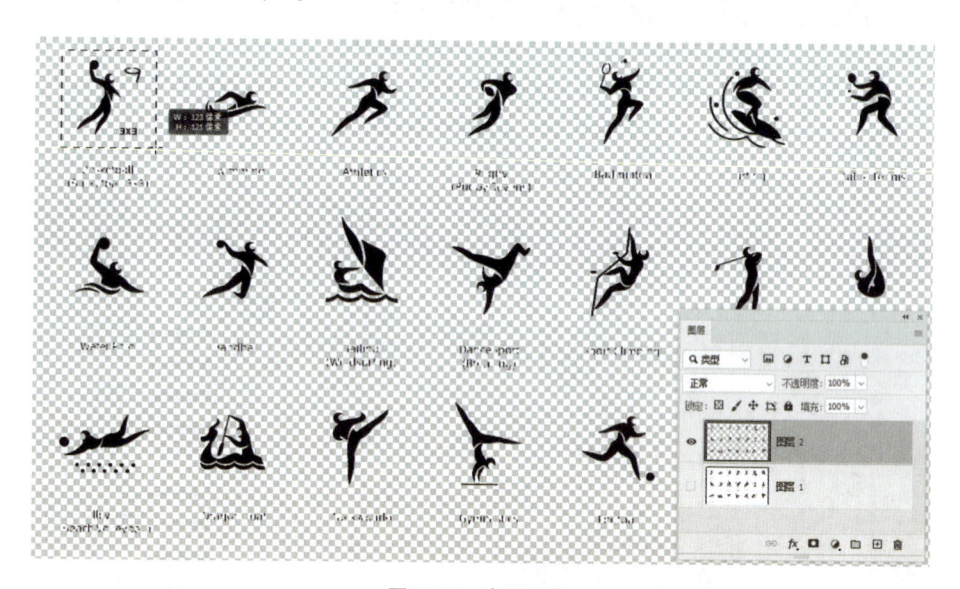

图12.18　复制图标

步骤02 复制粘贴10个图标，随机摆放在图像下半部分区域，可以根据需要调整大小并根据情况择机水平翻转。

步骤03 分别选中每个图标图层，按Ctrl键单击，调出图标选区。选择"窗口|色板"命令，打开"色板"面板，展开"浅色"色块分类。分别选择不同的颜色设置前景色，按Alt+Delete组合键，使用前景色填充不同的图标，随机改变图标的颜色，如图12.19所示。

步骤04 操作完毕，把这10个图标放入一个组中，设置组的图层混合模式为"颜色减淡"，设计效果如图12.20所示。

图 12.19　制作不同填充色的图标

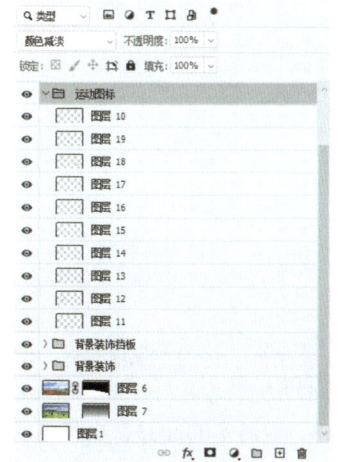

（a）图标图层组　　　　　　　　　　　　　（b）设计效果

图 12.20　制作随机运动图标

12.2.3　制作标题文字

步骤 01　设置前景色为黑色，选择"画笔工具"，选项设置：硬度为 100%、不透明度为 100%、大小为 15 像素，手写汉字"全民健身 健康快乐"。画竖线时，画笔大小为 15 像素；画横线时，画笔大小为 5 像素。不要求一步到位，主要是勾画 8 个汉字的大致轮廓，如图 12.21 所示。

图 12.21　手写汉字

225

步骤 02 根据手写汉字轮廓，使用"钢笔工具"勾画出汉字的路径，如图12.22所示。

图12.22 使用"钢笔工具"勾画手写汉字的轮廓

步骤 03 将路径转换为选区，新建图层，使用红色（#d82d35）填充选区。使用"钢笔工具"抠出汉字中空的区域，转换为选区后，删除这些区域的填充色。

步骤 04 为该图层应用投影和描边样式，则设计效果如图12.23所示。

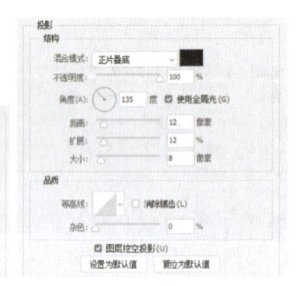

（a）设计的文字效果　　　　　　（b）描边参数　　　　　　（c）投影参数

图12.23 制作手写标语效果

步骤 05 输入3行副标题文字：NATIONAL FITNESS DAY、黑体、12点、#d82d35、字符间距为450；"挑战自己，一切皆有可能"、华文琥珀、18点、#477a93、字符间距为200；"生/命/不/息　运/动/不/止"、微软雅黑、12点、左侧061df8、右侧#d82d35、字符间距为300。

步骤 06 选择"多边形工具"，选项设置：边数为5、星形比例为50%，绘制五角星路径。将其转换为选区后，新建图层，描边选区（大小为4像素、颜色#d82d35），按默认设置应用描边图层样式。复制两次图层，分别移动到不同的位置，效果如图12.24所示。

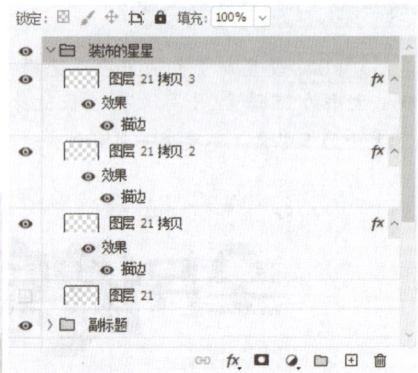

图12.24 制作副标题和小星星

12.3　设计移动版产品首页

▰案例位置：案例与素材 \12\3\demo.psd
▰素材位置：案例与素材 \12\3\1.png ～ 13.png

本案例制作移动版蛋糕产品首页，效果如图 12.25 所示。主要技术：使用"钢笔工具"绘制图标；使用标尺、参考线辅助进行网页分区设计；使用矢量蒙版制作椭圆图像。作品主色调以紫色、浅紫色为主，辅助色为粉红色、绿色。

图 12.25　作品效果图

步骤 01　新建文档。按 Ctrl+N 组合键打开"新建文档"对话框，使用预设模板创建一个网页文档。在"移动设备"选项卡中选择 iPhone 8/7/6 Plus 主流设备，如图 12.26 所示。

步骤 02　按 Ctrl+R 组合键显示标尺，从顶部标尺中拖出 4 条参考线，规划整个页面布局。包括 4 个部分：顶部标题区域、灯箱广告区域、产品列表区域、底部产品大图区域，如图 12.27 所示。

步骤 03　制作顶部标题区域。该区域包括 3 部分：Logo、购物按钮、导航按钮，如图 12.28 所示。直接导入 Logo 和购物车图标；使用"矩形工具"绘制购物按钮：大小为 228 像素 ×76 像素、圆角半径为 38 像素，转换为选区后，使用紫色（#8048bb）填充；输入文本："在线购物"、白色字体、黑体、24 点；使用"直线工具"绘制 3 条水平直线（大小为 73 像素 ×3 像素、颜色为 #8048bb）、垂直平均分布。

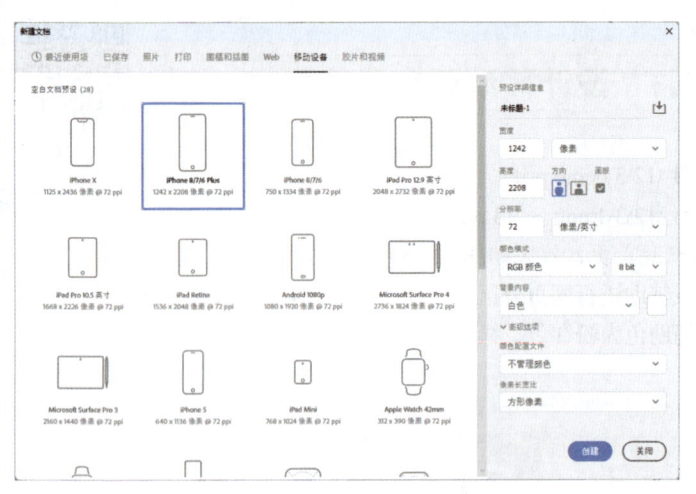

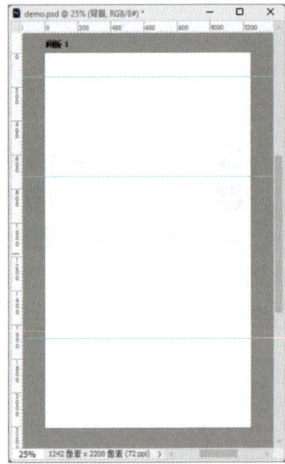

图 12.26 "新建文档"对话框

图 12.27 规划版式

图 12.28 制作顶部标题区域

步骤 04 制作灯箱广告区域。导入灯箱广告样图，调整大小和位置，先使用"矩形工具"绘制灯箱广告区域的路径，然后选择"图层|矢量蒙版|当前路径"命令，遮盖住非广告区域的图像，如图 12.29 所示。

图 12.29 制作灯箱广告区域

步骤 05 使用"矩形选框工具"拖选第 3、4 分区（产品列表区域、底部产品大图区域），新建图层，使用浅紫色（#f2eef6）填充，制作浅紫色背景。

步骤 06 产品列表区域包括左侧的图示以及右侧的文字部分。左侧的图示分别使用椭圆工具绘制正圆（140 像素×140 像素），转换为选区后，分别使用紫色（#8048bb）填充或描边（6 像素、内部）；使用"直线工具"绘制直线路径（1 像素宽）。选择"画笔工具"，选项设置：大小为 2 像素、间距为 280%、前景色为 #8048bb。新建图层，在"路径"面板中描边路径，效果如图 12.30 所示。

228

步骤 07 使用"文字工具"输入产品列表。标题:"元祖产品"、黑体、54点、黑色;副标题:"元祖坚持健康、好吃、有故事的理念"、黑体、30点、#8a898b;分类标题:黑体、36点、#8048bb;产品列表:黑体、25点、黑色。调整文字位置和对齐效果,效果如图12.31所示。

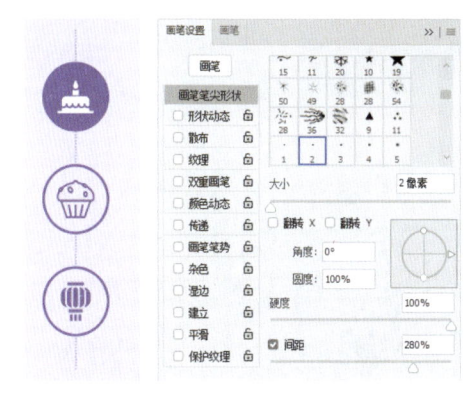

(a) 绘制前缀图标　　(b) 画笔选项设置

图12.30　制作产品列表区域图标

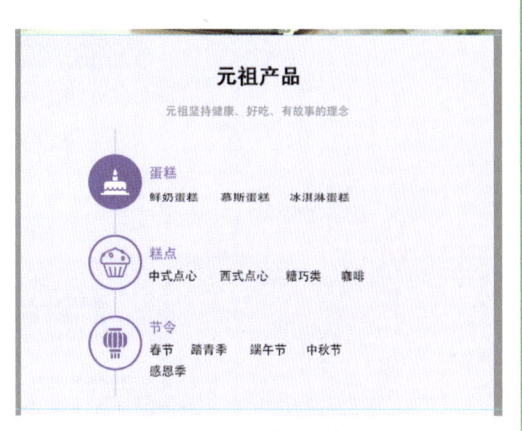

图12.31　制作产品列表区域

步骤 08 制作底部产品大图区域。导入产品大图样图,调整大小和位置后。使用"矩形工具"绘制一个圆角矩形:大小为979像素×472像素、圆角半径为12像素。选择"图层|矢量蒙版|当前路径"命令,制作圆角图像效果,如图12.32所示。

图12.32　制作圆角图像效果

12.4　设计产品详情页

扫一扫,看视频

■案例位置:案例与素材 \12\4\demo.psd
■素材位置:案例与素材 \12\4\1.png ～ 14.png

本案例制作移动端蛋糕产品详情页,效果如图12.33所示。主要技术:使用"钢笔工具"绘制图标和栏目区块;使用"文字工具"输入信息;使用"渐变工具"设计背景;使用矢量蒙版制作图像遮盖。作品主色调以紫色、浅紫色为主,辅助色为粉红色。

图 12.33　作品效果图

步骤 01 复制上一节的案例文档，保留顶部标题区域，删除其他区域内容，设计网页背景色为浅紫色（#f2eef6）。重新规划整个页面布局，包括 4 个部分：顶部标题区域、产品概况区域、二级分类导航区域、产品详情区域，如图 12.34 所示。

步骤 02 制作产品概况区域。导入产品样图，调整大小和位置，使用"矩形工具"绘制该区域的路径。选择"图层｜矢量蒙版｜当前路径"命令，遮盖住区域外的图像显示。使用"文字工具"输入产品名称（"蛋糕"、黑体、60 点、#8048bb）和概况信息（黑体、36 点、白色），效果如图 12.35 所示。

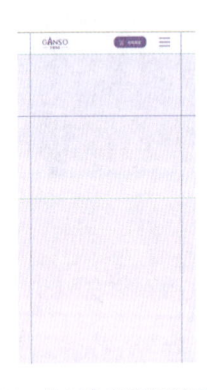

图 12.34　使用参考线规划页面布局 　　图 12.35　制作产品概况区域

步骤 03 制作二级分类导航区域。使用"矩形工具"绘制圆角矩形路径：大小为 1030 像素 ×132 像素、半径大小为 94 像素。然后把路径转换为选区，新建 3 个图层，分别填充 #8048bb 和白色，调整位置后，再导入图标，输入文字（黑体、50 点）。如果背景色为白色，则使用 #8048bb 设置图标和文字颜色；如果背景色为 #8048bb，则使用白色设置图标和文字颜色。设计效果如图 12.36 所示。

230

图 12.36 制作二级分类导航区域

步骤 04 制作产品详情区域。该区域包含 3 个子栏目，先制作一个栏目，其他两个栏目可以复制。使用"文字工具"输入标题："鲜奶蛋糕"、黑体、50 点、#8048bb。

步骤 05 使用"矩形工具"绘制圆角矩形：大小为 1035 像素 ×270 像素、圆角半径为 60 像素。将路径转换为选区后，新建图层，填充渐变色（#efeaf4 到白色），使用白色描边选区（4 像素、内部）。在栏目中输入信息，如图 12.37 所示。

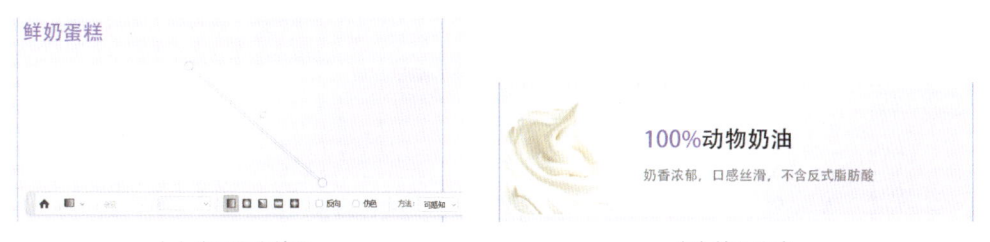

(a) 应用渐变填充　　　　　　　　　　　　(b) 输入文字

图 12.37 制作产品详情栏目 1

步骤 06 复制栏目 1，移动到新位置，然后修改文字信息。替换掉插入的图标，改变图标位置，并酌情调整渐变方向，最后设计效果如图 12.38 所示。

图 12.38 制作产品详情区域

12.5　设计产品列表页

■案例位置：案例与素材 \12\5\demo.psd

■素材位置：案例与素材 \12\5\1.png ～ 8.png

本案例制作移动端蛋糕产品列表页，效果如图 12.39 所示。主要技术：使用"钢笔工具"绘制图标和栏目区块；使用"文字工具"输入信息；使用"渐变工具"设计背景；使用矢量蒙版制作图像遮盖。作品主色调以紫色、浅紫色为主，辅助色为粉红色。

步骤 01　复制上一节的案例文档，保留顶部标题区域，删除其他区域内容，设计网页背景色为 #f2eef6。重新规划整个页面布局，包括 3 个部分：顶部标题区域、蛋糕选型区域、产品列表区域，如图 12.40 所示。

图 12.39　作品效果图　　　图 12.40　使用参考线规划页面布局

步骤 02　制作蛋糕选型区域。使用"矩形工具"绘制圆角矩形路径：大小为 329 像素 ×87 像素、半径大小为 38 像素。将路径转换为选区，新建 5 个图层，分别填充 #8048bb、渐变色（#efeaf4 到白色），使用白色描边选区（4 像素、外部）。调整位置后，输入文字。设计效果如图 12.41 所示。

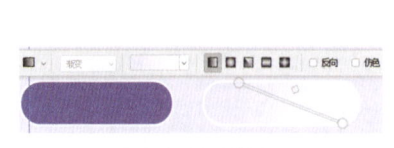

（a）应用渐变填充 　　　（b）输入文字

图 12.41　制作蛋糕选型区域

步骤 03 产品列表区域包含 3 个子栏目，先制作一个栏目，其他两个栏目可以复制。使用"矩形工具"绘制圆角矩形：大小为 1242 像素 ×220 像素、圆角半径为 48 像素。将路径转换为选区后，新建图层，填充渐变色（#efeaf4 到白色），描边选区（#8048bb、1 像素、外部）。在栏目中输入信息，如图 12.42 所示。

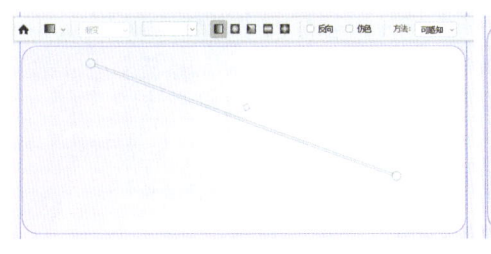

（a）应用渐变填充　　　　　　　　　　（b）输入文字

图 12.42　制作产品列表栏目 1

步骤 04 复制栏目 1，移动到新位置，然后修改文字信息。替换掉插入的图标，改变图标位置，最后设计效果如图 12.43 所示。

图 12.43　制作产品列表其他栏目

12.6　设计沐浴产品 Banner

■案例位置：案例与素材 \12\6\demo.psd
■素材位置：案例与素材 \12\6\1.png、2.png

本案例设计沐浴产品 Banner，效果如图 12.44 所示。主要技术：使用选框工具制作图案；使用"钢笔工具"绘制图形；使用"文字工具"输入广告信息；使用"渐变工具"设计背景；使用图层样式以及文字图形设计特效。作品主色调以天蓝色和乳白色为主，辅助色为绿色和黄色。

图 12.44　作品效果图

12.6.1　制作背景图

步骤 01　新建文档。选项设置：大小为 1024 像素 ×480 像素，分辨率为 96 像素 / 英寸，其他选项保持默认。保存为 demo.psd。

步骤 02　新建图层，使用"矩形选框工具"拖选一个正方形选区（85 像素 ×85 像素），设置前景色为 #97ccef，按 Alt+Delete 组合键填充选区。选择"编辑 | 描边"命令，描边选区，选项设置：大小为 2 像素、居中、颜色为 #6aa1d8，效果如图 12.45 所示。

步骤 03　按 Ctrl 键，单击该图层，调出选区。选择"编辑 | 定义图案"命令，把该方块定义为图案，命名为"蓝色方块"。

步骤 04　隐藏"蓝色方块"图层，新建图层，命名为"背景"。按 Shift+F5 组合键，打开"填充"对话框，选项设置：内容为图案、自定图案为"蓝色方块"，即上一步新定义的图案，设计背景图效果如图 12.46 所示。

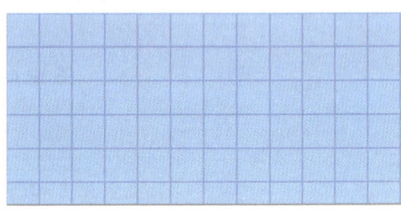

(a) 设置填充选项　　　　(b) 填充效果

图 12.45　制作蓝色　　　图 12.46　设计背景图效果
　　　方块图层

步骤 05　设置前景色为 #4e81c9，选择"渐变工具"，选项设置：线性渐变、前景色到透明，从右下角拉到左上角，应用渐变效果如图 12.47 所示。

步骤 06　设置渐变填充图层：混合模式为正片叠底、不透明度为 50%。营造墙体明暗效果，如图 12.48 所示。

234

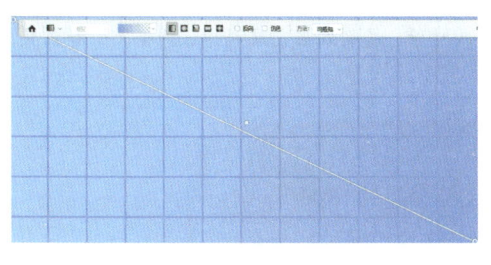

图 12.47　应用渐变效果 　　　　　　　　　图 12.48　调整图层混合模式和不透明度

12.6.2　制作托板和物品

步骤 01　使用"矩形工具"绘制一个矩形：506像素×19像素、圆角半径为0。按Ctrl+Enter组合键将路径转换为选区，设置前景色为#d3eefb。新建图层，按Alt+Delete组合键填充选区，如图12.49所示。

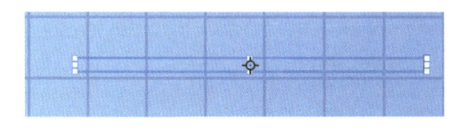

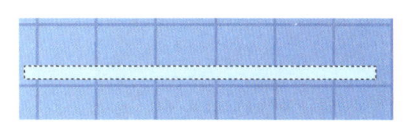

(a) 绘制路径　　　　　　　　　　　　　　(b) 填充选区

图 12.49　制作托板侧面

步骤 02　使用"钢笔工具"绘制一个梯形路径。按Ctrl+Enter组合键将路径转换为选区，设置前景色为#eefbfd。新建图层，按Alt+Delete组合键填充选区，如图12.50所示。

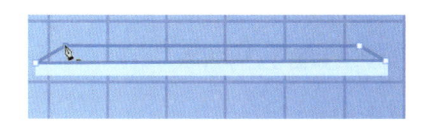

(a) 绘制路径　　　　　　　　　　　　　　(b) 填充选区

图 12.50　制作托板正面

步骤 03　打开素材图像（1.png），抠出图像中的物品，复制到当前文档中，调整大小和位置，置于托板上面，效果如图12.51所示。

图 12.51　制作托板和物品效果

步骤 04 打开素材图像（2.png），抠出图像中的叶子，复制到当前文档中，调整大小和位置，置于右上角位置，效果如图 12.52 所示。

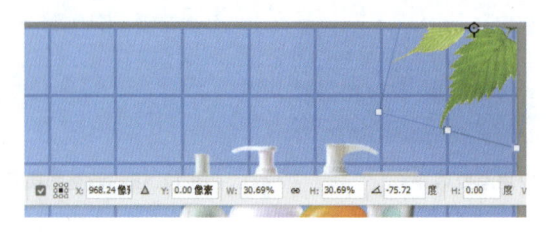

图 12.52 添加装饰叶子

12.6.3 制作文字效果

步骤 01 使用文字工具输入主标题："浴见夏天"、字体为华文琥珀、大小为 90 点、颜色为 #fbfcfe、字体宽度为 80%、字符间距为 200%，如图 12.53 所示。

（a）字符格式　　　　　　　　　　（b）字体效果

图 12.53 制作主标题

步骤 02 选择"编辑|变换|斜切"命令，斜切 -15°，如图 12.54 所示。

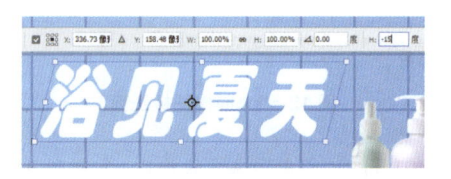

图 12.54 斜切字体

步骤 03 应用图层描边样式，选项设置：大小为 4 像素、外部、颜色为 #3078cd，设置和效果如图 12.55 所示。

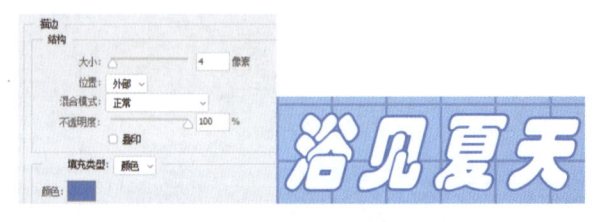

图 12.55 应用图像描边样式

236

步骤 04 选择"文字｜转换为图形"命令，将文字转换为图形，然后使用"路径选择工具"分别选中每个文字，使用方向键调整其位置。使用"钢笔工具"绘制两条折角线，效果如图 12.56 所示。

步骤 05 输入副标题文字，并使用圆角矩形（374像素×53像素、半径大小为24像素）制作背景衬板，从下到上应用渐变（从#f1fcfe到白色），效果如图 12.57 所示。

图 12.56　把文字转换为图形并调整位置 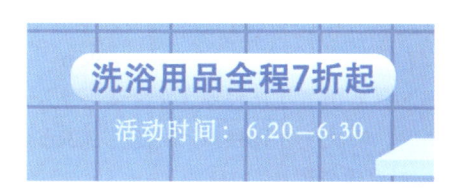　　　　　图 12.57　输入副标题文字

步骤 06 使用"钢笔工具"绘制一条绳子，转换为选区后，新建图层，描边选区（4像素、#f3d429）。再复制"浴见夏天"文字图层，移到顶部，删除"浴"和"天"两个文字图形，遮盖中间区域的绳子。设计效果如图 12.58 所示。

图 12.58　制作绳子效果

12.7　制作证件照

扫一扫，看视频

■案例位置：案例与素材 \12\7\demo.psd
■素材位置：案例与素材 \12\7\1.png

本案例演示如何制作标准的证件照，效果如图 12.59 所示。主要技术：使用 Photoshop 抠图、姿势矫正和面部色调调整、根据要求制作标准尺寸的证件照片模板。

(a) 结婚照　　　　　(b) 身份证件照　　　　　(c) 毕业照

图 12.59　作品效果图

237

12.7.1 制作模板

新建 Photoshop 文档。选项设置：照片尺寸和背景颜色参考如下说明，分辨率为 300 像素/英寸。

- 照片尺寸：
  - 1 寸证件照：2.5cm×3.5cm。
  - 2 寸证件照：3.5cm×4.9cm。
  - 小 1 寸证件照（身份证）：2.2cm×3.2cm。
  - 大 1 寸证件照（护照）：3.3cm×4.8cm。
- 背景颜色：
  - 白色背景（#ffffff）：身份证、驾驶证、护照、签证、医保卡等。
  - 蓝色背景（#00bff3）：毕业证、工作证、简历照片等。
  - 红色背景（#ff0000）：结婚证、保险证、IC 卡证。

12.7.2 抠图和修图

将普通照片转换为证件照需要 3 步：准确抠图、修图（校正姿态）、面部调色（调亮）。具体步骤如下。

步骤 01 打开本小节案例素材文件（1.png），使用前面章节学习的技术进行准确的抠图。可以选择"选择|主体"命令，快速抠出人物，如图 12.60 所示。对于有着复杂背景的照片，可能还需要借助其他技术抠图，本小节不再展开演示。

步骤 02 抠出效果可能会存在瑕疵，可以借助"橡皮擦工具"或者其他选取工具进行修复，如图 12.61 所示。

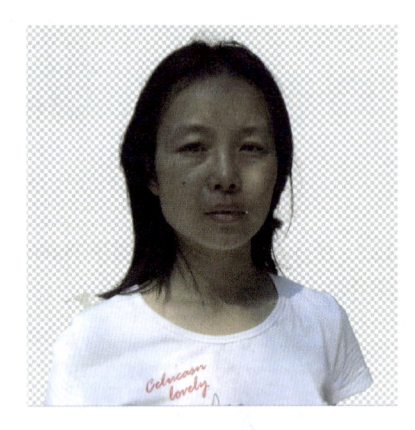

图 12.60 初步抠图　　　　　图 12.61 修复瑕疵

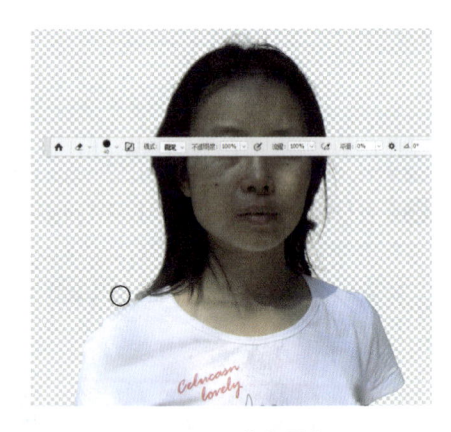

步骤 03 校正身体姿势，主要参考两肩是否水平，头部是否端正。可以借助参考线进行准确判断。如果偏头或者肩膀不平，则可以使用操控变形命令进行精确调整。本案例人物的右肩轻微下沉，需要调整。

【操作方法】①从左侧和顶部拖出几条参考线，定位调整基线和范围线，如图 12.62（a）所示。

②选择"编辑|操控变形"命令。③在关键点处单击添加图钉。其中，在需要调整的部分添加2个图钉（右肩边沿顶部和手臂下沿）；在周围禁止受影响的部分添加3个图钉（前额中堂、鼻尖和喉咙），用于固定头部区域，减少被扭曲波动的范围，如图12.62（b）所示。④使用鼠标拖动右肩边沿顶部图钉到参考线交叉点位置，拖动手臂下沿图钉向右上参考线交叉点靠拢，如图12.62（c）所示（红色箭头指示）。⑤调整满意之后，按Enter键确定变形，或者单击工具选项栏右侧的提交按钮（✓）。

修正过程中切记动作不要过大，否则会破坏图像的真实性。

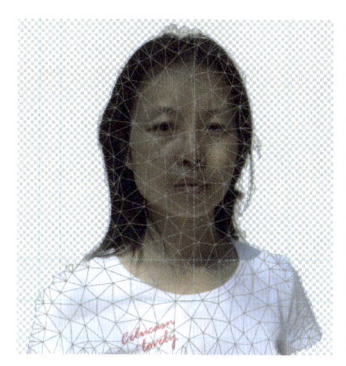

（a）使用参考线判断右肩轻微下沉　（b）使用操控变形命令并添加图钉　（c）拖动图钉上抬右肩

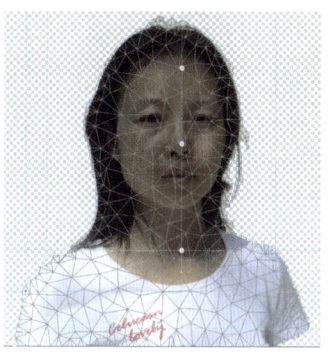

图12.62　校正右肩下沉

步骤 04　调整面部色调。使用"快速选择工具"选择面部区域，然后使用"亮度/对比度"命令调整面部色调，确保面部清晰明了，如图12.63所示。

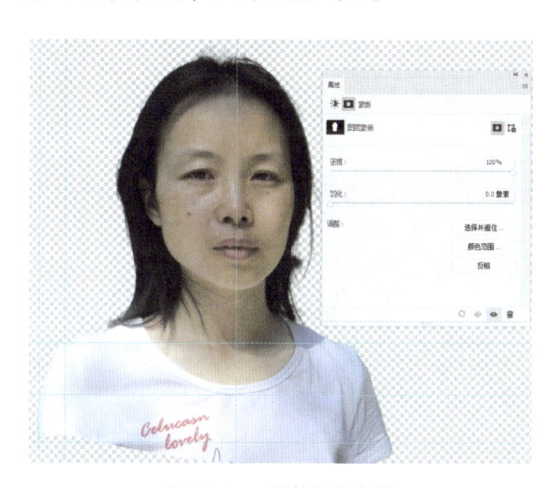

图12.63　调整面部色调

12.7.3　合并和调整照片

步骤 01　按Ctrl+Shift+Alt+E组合键，盖印可见图层。然后按Ctrl键，单击合并的图层，复制到证件模板文档中。

步骤 02 调整人物大小和位置，调整时注意：头顶要留一点空间，缩放图像时要露出一点肩，人物居中，左右要留一点空隙，如图 12.64 所示。

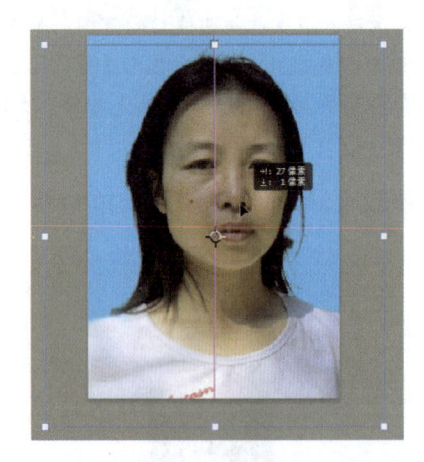

图 12.64　在模板中调整人物大小和位置